家電製品協会 認定資格シリーズ

家電製品
エンジニア資格

問題&
解説集

2022年版

一般財団法人 **家電製品協会** 編

NHK出版

[目次]

本書に掲載した問題と解説の見方

【掲載問題】

［AV情報家電（基礎技術）と（応用技術）］［生活家電（基礎技術）と（応用技術）］の各科目の問題15問は、過去に実施された試験問題をベースに、例題として作成しています。

【解説の見方】

各科目の解説は、
　　・重要部分をアンターラインで表示
　　・穴埋め問題や適切な言葉を選択する問題の正解を ☐ で表示

右記のテキストで、さらにしっかり
学習しましょう。
（「問題＆解説集 2022年版」と同時発売）

●家電製品協会 認定資格シリーズ　家電製品エンジニア資格
AV情報家電の基礎と製品技術　2022年版
●家電製品協会 認定資格シリーズ　家電製品エンジニア資格
生活家電の基礎と製品技術　2022年版

AV情報家電
問題

基礎技術
応用技術

AV情報家電の問題&解説は34〜90ページに掲載

AV情報家電の解答一覧は176ページに掲載

問題
基礎技術

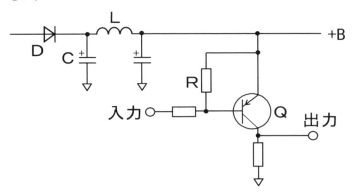

問題
1

次は、家電製品の電気回路に使われる基本的な部品および修理の基本などについて述べたものである。
（ア）〜（オ）について、<u>正しいもの</u>は①、<u>誤っているもの</u>は②を選択しなさい。

（ア） 上図において、部品Qはトランジスタと呼ばれ、コレクタ、ベース、エミッタの3つの電極を持つ。トランジスタはコレクタ、ベース、エミッタの3極の素子でPNP型（接合）やNPN型（接合）があり、コレクタ・エミッタ間に流す電流により、全体を流れる電流を制御できる。

（イ） 上図において、部品Dはダイオードと呼ばれ、整流作用（電流を一方向に流す作用）を持つ部品である。一般的な接合型ダイオードは、P型半導体とN型半導体が接合された2極の素子であり、電流が流れ出すP型半導体側端子をカソード（K：陰極）、電流が流れ込むN型半導体側端子をアノード（A：陽極）という。

（ウ） 上図において、部品Rは抵抗器と呼ばれ、電流を流れにくくし、回路の電流を制限したり調整することや、電流を電圧に変換したりすることにより、回路を適切に動作させる役割を果たす部品である。

（エ） 上図において、部品Cはコンデンサーと呼ばれ、直流は通さず、交流は通過する。交流電圧を加えると周波数が高いほどリアクタンス（交流の通りにくさ）は大きくなり、電流の位相は電圧に対して90°遅れる。

（オ） 部品の点検を行うときは、それぞれの条件の中で留意すべき点は何かを選択しながら、安全チェックを進めることが必要である。回路図、部品表に下図マークが記されている部品は、安全上重要な部品であるので、必ず、メーカー指定の部品を使用する。

問題 2

次は、著作権保護技術について述べたものである。
組み合わせ①〜④のうち、<u>誤っているものの組み合わせ</u>を１つ選択しなさい。

（ア）　2K デジタル放送を BD ディスクに録画する際や、市販の映画 BD ソフトに用いられている著作権保護技術に AACS がある。DVD で採用されていた著作権保護技術の CSS や CPRM より一段と強化された暗号化技術を採用し、より強固なセキュリティを実現している。

（イ）　HDCP とは、Wi-Fi ネットワークで動画伝送に用いられる著作権保護技術である。HDCP に対応しているソース（送出）側機器は、シンク（受信）側機器が本技術に対応していることを認証できれば、暗号化したコンテンツを伝送する。

（ウ）　SCMS-T とは、Bluetooth でデジタル音声を伝送する時などに用いられる著作権保護技術である。地上デジタル放送やワンセグ放送などのデジタル音声を Bluetooth で伝送する際に用いられる。送信機側と受信機側の双方が SCMS-T に対応している必要がある。

（エ）　著作権保護されたデジタル放送番組を 2K 画質のまま外付け USB HDD に記録した場合、SeeQVault に対応した機器で録画されたコンテンツは、どの機器に接続しても 4K 画質での再生互換性が保証されている。

（オ）　DTCP＋ と呼ばれる規格は、DTCP-IP において、インターネットを介して外部からローカルエリアネットワーク内に設置された機器の録画番組や受信しているデジタル放送番組の視聴を、可能にする機能追加が行われたものである。

【組み合わせ】
　①　（ア）と（オ）
　②　（イ）と（ウ）
　③　（ウ）と（エ）
　④　（エ）と（イ）

問題
基礎技術

問題
3

次は、ネットワーク技術の基礎について述べたものである。
（ア）～（オ）について、正しいものは①、誤っているものは②を選択しなさい。

（ア）　IP は、上位層からの送信データを規定長のパケットに分割して下位層へ受け渡す機能や、送受信のパケットの順序維持、パケットの到達確認などを行うプロトコルである。TCP は受信したパケットに IP アドレスを付加し送信経路なども定義するプロトコルである。

（イ）　ネットワークアドレス変換におけるポートマッピングとは、グローバル IP アドレスの特定のポートを特定のプライベート IP アドレスの特定のポートに固定的に対応づけて転送する機能のことである。

（ウ）　IPv4 の IP アドレスは、32 ビット長の IP アドレスを 8 ビットずつの 4 グループに区分けし、その 8 ビットを 10 進数に表記しなおして表示される。各ビットが以下の図の状態であった場合の IP アドレスの表記は、192.168.10.22　となる。

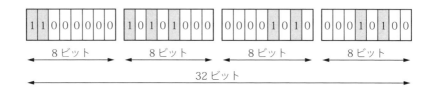

（エ）　IP アドレスにおけるブロードキャストアドレスは、特定のグループに所属する複数の IP 通信機器に同じデータを送信する場合に使われる。また、IP によるストリーミング放送はこの機能を使用して行われている。

（オ）　JIS Q27001（ISO/IEC 27001）などによって規定されている情報セキュリティにおける情報の完全性とは、情報へのアクセスを認められた者が、必要時に中断することなく情報にアクセスできる状態を確保することをいう。

問題 4

次は、新 4K8K 衛星放送における 4K 放送、8K 放送や放送サービスなどについて述べたものである。
（ア）〜（オ）について、正しいものは①、誤っているものは②を選択しなさい。

（ア）　Hybridcast とは、放送と視聴番組内の関連情報を連携させた放送サービスである。この放送サービスは、放送波の空きスペースに別の動画情報を重畳することで、視聴番組に関連した情報を動画の形で表示できるという特徴がある。

（イ）　新 4K8K 衛星放送で採用された、ITU-R 勧告の色域である BT.2020 は、従来の BS デジタル放送などの BT.709 よりも色域が広いため、色の再現範囲が広く、より現実に近い映像を再現できるようになった。

（ウ）　4K 放送の左旋円偏波の IF 信号周波数は、最小 1595MHz 〜最大 2071MHz であり、右旋円偏波の IF 信号と比べ低い周波数であるため、電波漏えいが発生しにくく、既存の受信設備をそのまま使用することができる。ただしアンテナは左旋円偏波に対応しているものに交換する必要がある。

（エ）　新 4K8K 衛星放送で採用されている映像符号化方式の MPEG-H HEVC/H.265（HEVC）は、MPEG4 AVC/H.264 と比べて圧縮率は約 2 倍であり、イントラ予測や周波数変換サイズなどの映像符号化ツールが強化されている。

（オ）　新 4K8K 衛星放送の電波干渉において、Wi-Fi などの無線 LAN や電子レンジなどから漏れた電磁波が左旋円偏波の中間周波数帯に電波干渉を引き起こし、新 4K8K 衛星放送の受信に影響を受けることを「被干渉」という。

問題
基礎技術

次は、テレビ受信機などの各端子および回線などの関連事項について述べたものである。

（ア）～（オ）について、<u>正しいものは①</u>、<u>誤っているものは②</u>を選択しなさい。

（ア）　FTTH を利用して地上・衛星放送の高周波信号を光信号に変換して伝送するパススルー方式は、光ファイバーケーブルの映像用回線終端装置から高周波信号を出力し、同軸ケーブルを使用してアンテナ端子へ接続する。この方式では STB を設置する必要はなく、分配することにより、1 回線でも複数台のテレビで放送を視聴できる。

（イ）　光ファイバーケーブルを家庭まで敷設して、高速通信を行う FTTH 方式の伝送では、長距離になっても金属ケーブルと比べて信号の減衰はほとんどないが、回線を複数のユーザーで共有し同時に使用した場合は、伝送速度が低下することに注意が必要である。

（ウ）　124/128 度 CS デジタル放送を受信するには 2 つの衛星にそれぞれ右旋および左旋の 2 つの円偏波、合計 4 つの電波を切り換える必要がある。電波の切り換えには、アンテナのコンバータへの電源供給の DC11V と 3 種類のパルス信号を使って行われる。

（エ）　HDMI 端子はパソコンとモニターを接続する従来の DVI 端子を発展させた端子である。そのため HDMI から DVI に変換するアダプターを使用すれば DVI 機器と接続することができる。DVI 機器が HDCP に対応していれば、映像信号と合わせて、デジタル音声圧縮信号も伝送できる。

（オ）　マンションなどの集合住宅で FTTH を利用する場合、各戸に光回線を直接引き込む方式以外に、各建物の共用部分まで光ファイバーケーブルを引き込んで各戸へ配線する VDSL 方式と LAN 配線方式がある。VDSL 方式では、共用部分以降の各戸へは、電話回線を使用して配信される。

問題 6 次は、テレビ受信機の電源回路の動作について述べたものである。①～④のうち、誤っているものを1つ選択しなさい。

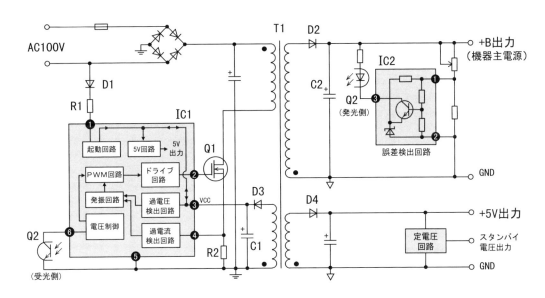

① 誤差検出回路の出力は、フォトカプラ Q2（受光側）を経て IC1 の6番ピンに入力され、IC1 内の PWM 回路がドライブ回路を通じて2番ピンの Q1 の駆動信号の振幅を制御することにより、T1 の二次側の出力電圧を一定にしている。

② AC100V が供給されると、D1 および R1 を通して IC1 の1番ピンにスタート電圧が加わり、IC1 が起動する。

③ IC1 が起動することにより、IC1 の2番ピンから Q1 のゲートにパルス信号が供給される。Q1 が ON するタイミングで T1 の一次側に電流が流れ、T1 にエネルギーが蓄積される。Q1 が OFF したタイミングで、T1 の二次側に電圧が誘起され D2 で整流、C2 で平滑することにより直流電圧が得られる。

④ 何らかの原因で負荷が軽くなると、+B 出力電圧が高くなる。+B 出力電圧が高くなると IC2 内のトランジスタのベース電圧が高くなり、コレクタ・エミッタ間に流れる電流が増加する。

AV情報家電　問題
基礎技術

問題 7　次は、テレビ放送の方式および機器の関連事項について述べたものである。
（ア）～（オ）について、<u>正しいもの</u>は①、<u>誤っているもの</u>は②を選択しなさい。

（ア）　光回線のテレビサービスである「フレッツ・テレビ」などの新4K8K衛星放送の再送信サービスでは、従来の既設受信システムを使用するために左旋円偏波のBS・110度CSデジタル放送を右旋円偏波のIF周波数より低い周波数に変換している。周波数変換された左旋円偏波のBS・110度CSデジタル放送は4Kまたは8Kテレビのアンテナ端子に直接、接続して視聴できる。

（イ）　124/128度CSデジタル放送は、BS・110度CSデジタル放送と同じ衛星放送であるが偏波方式が異なる。124/128度CSデジタル放送は直線偏波で水平偏波と垂直偏波の2つの偏波を使用して送信し、BS・110度CSデジタル放送は円偏波で送信している。

（ウ）　HSマーク（ハイシールドマーク）は、衛星テレビジョン放送の中間周波数において、一定以上の遮へい性能を有する機器に付与される。その対象機器は、対象の周波数帯域を増幅する、またはパスする機能を有するブースター、分配器、壁面端子、混合器、分波器、直列ユニットなどである。

（エ）　有機ELの電流駆動方式では、各画素にTFT（薄膜トランジスタ）などのアクティブ素子を配置し、必要な画素ごとに電流を流して発光体の強弱を制御することで、瞬時に発光させ低消費電力と高速な応答速度を実現している。

（オ）　有機ELディスプレイは、バックライトなどの光源が不要な自発光方式である。また、液晶ディスプレイと異なり、減色法によりシアン、マゼンタ、イエローの3原色の割合を変えてさまざまな色を作り出している。

問題 8　次は、ハイレゾオーディオについて述べたものである。
①〜④のうち、誤っているものを1つ選択しなさい。

AV情報家電 基礎技術 問題

①　音源のアップスケーリングとは、CD スペック音源や MP3 音源といった非ハイレゾ音源データを「標本化周波数の拡張」や「量子化ビット数の拡張」などの技術を組み合わせて使用し、ハイレゾ音源のスペック相当に変換する技術である。

②　ハイレゾ対応音声フォーマットである WAV 方式は、アナログ信号の「電圧の高・低」を「1bit パルス密度の高・低」に置き換えて記録する。2.8224MHz や 5.6448MHz などでサンプリングされ、原理上 100kHz を超える再生周波数帯域を持っている。

③　サンプリング周波数／量子化 bit 数が 96kHz/24bit のハイレゾ音源である PCM フォーマットで、1kHz の純音を記録、再生した場合、理論上、1kHz の音声信号のみが記録、再生される。

④　非圧縮方式の WAV と可逆圧縮音声符号化方式の FLAC を同じ楽曲、同じ標本化周波数、量子化ビット数で比較した場合、WAV ファイルに比べて FLAC ファイルはデータサイズを約2／3にすることができる。

問題
9

次は、HD BD/HDD レコーダーの基本ブロック構成について述べたものである。
①～④のうち、誤っているものを１つ選択しなさい。

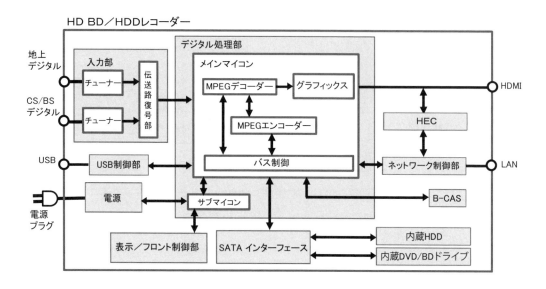

① DTCP-IP 対応機器より LAN 端子に接続し、記録された著作権保護コンテンツを内蔵 HDD にダビングする場合、ネットワーク制御部で必要な暗号解除をし、メインマイコンで暗号再設定処理を行い、内蔵 HDD に記録される。

② 内蔵 HDD に MPEG2-TS 形式で記録された番組を BD ディスクに長時間モードでダビングする場合、内蔵 HDD のデータは、デジタル処理部の MPEG デコーダーや MPEG エンコーダーで MPEG4 AVC/H.264 形式に変換され、SATA インターフェースを通り、DVD/BD ドライブで BD ディスクに記録される。

③ USB 端子に接続された外付け USB HDD の接続機器登録や外付け USB HDD に記録されたデータの再生時の暗号化復号処理は、デジタル処理部で行われる。

④ デジタル放送の放送形式である MPEG2-TS 方式を内蔵 HDD に長時間録画モードで録画する場合、入力部からの信号はメインマイコン内の MPEG デコーダーで一旦デコードされたあと、MPEG エンコーダーで MPEG4 AVC/H.264 方式にエンコードされ SATA インターフェースを通じて内蔵 HDD に記録される。

問題 10 次は、デジタルビデオカメラおよびデジタルスチルカメラについて述べたものである。
組み合わせ①〜④のうち、<u>誤っているものの組み合わせ</u>を1つ選択しなさい。

（ア） 撮像素子に使用される CMOS センサーに、裏面照射型 CMOS センサーがある。このセンサーは、配線層が受光面の反対側に配置されているため、入射光が配線層に遮られることがなく、従来の CMOS センサーと比べて受光効率がよい。

（イ） AVCHD 方式は、2K 動画記録フォーマットの規格である。映像の符号化方式には MPEG4 AVC/H.264、音声にはドルビーデジタル方式またはリニア PCM 方式、多重化には MPEG2-TS が採用されている。また、この方式では、メモリーカードなどにフルハイビジョンの映像を記録できる。

（ウ） 位相差 AF 方式は、ピントが合うと画像のコントラストが高くなる原理を利用してピント合わせを行う方式である。フォーカスレンズを動かしコントラストが高くなる箇所を検出するため、ピント合わせにやや時間がかかる。

（エ） 手ブレ補正の光学式補正方式にレンズシフト方式がある。手ブレにより位置のずれた像を追いかけるようにブレの方向と大きさに応じ、レンズ群の一部を光軸の前後方向に動かして、光の進行方向を調整し補正している。

（オ） デジタルカメラで撮影した静止画像を記録メディアに保存する場合に使われるファイル型式には、非可逆圧縮で記録する JPEG 形式と、無圧縮、または可逆圧縮で記録する RAW 形式がある。JPEG 形式はパソコンの標準機能で表示することが可能だが、RAW 形式は専用の画像展開ソフトが必要である。

【組み合わせ】
① （ア）と（イ）
② （イ）と（ウ）
③ （ウ）と（エ）
④ （エ）と（オ）

問題
基礎技術

AV情報家電

問題
11

次は、HDMI 規格および関連事項について述べたものである。
（ア）〜（オ）について、<u>正しいものは①</u>、<u>誤っているものは②</u>を選択しなさい。

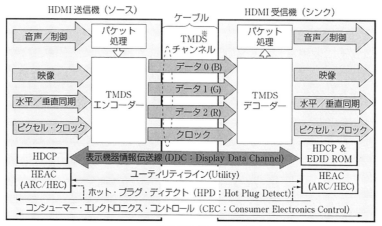

※TMDS（Transition Minimized Differential Signaling）

（ア）　表示機器情報伝送線は DDC と呼ばれ、BD/HDD レコーダーの電源を ON にすると、表示機器であるディスプレイも連動して電源が ON になるといった機能などに利用される。ただし、電源 ON＋自動入力切替、電源 OFF 連動、シアター音声切替以外の制御はメーカー独自の仕様のため、テレビとレコーダーのメーカーが異なる場合、連係動作は保証されない。

（イ）　HDMI1.4 から ARC 機能が追加されたことで、デジタル音声信号は映像信号に重畳することにより、テレビと AV アンプなどの機器間でドルビーアトモスや DTS:X などのデジタル圧縮された音声信号の双方向伝送が可能となった。このため、従来、テレビの音声をアンプに伝送する際に必要だった光デジタルケーブルは不要となった。

（ウ）　HDMI2.0 の TMDS 伝送方式では、3 つのデータ伝送路とクロック伝送路を使用して最大伝送速度が 18Gbps であったが、HDMI2.1 では、TMDS 伝送方式に加え、別の伝送方式を導入することで、最大伝送速度を 48Gbps に高められた。その要因のひとつは、伝送データにクロックを重畳させることで、空いたクロック伝送路を使い、4 つの伝送路に拡張を行ったことである。さらに、圧縮規格の DSC（Display Stream Compression）を使用することなどで、8K 映像信号の伝送を可能にした。

（エ）　HDMI の映像信号は TMDS チャンネルを使用して、基本的に非圧縮のデジタル RGB 信号を伝送するが、ソース機器・シンク機器の双方が対応していれば、MPEG2 や MPEG4 AVC/H.264 などのデジタル圧縮映像信号を伝送できる。

（オ）　ユーティリティラインは HEC（HDMI Ethernet Channel）の信号伝送などに利用されている。HEC 信号は伝送周波数が高いため、接続には「With ETHERNET」のロゴ表示がある HEC 対応 HDMI ケーブルを使用することが推奨される。

問題 12

次は、ワイヤレス通信規格および関連事項について述べたものである。組み合わせ①～④のうち、誤っているものの組み合わせを1つ選択しなさい。

(ア) Bluetooth5.0 では、Bluetooth Low Energy（BLE）の通信モードを通信速度 2Mbps、1Mbps、500kbps および 125kbps の4種類としている。特に 2Mbps の通信モードでは、エラー訂正コードを追加して通信エラー耐性が向上したことなどにより、最大通信距離が 400m（送信電力 100mW 時）になるといわれている。

(イ) 無線 LAN の規格である IEEE802.11ac は、5GHz の周波数帯を使用し、規格上の最大伝送速度が約 6.9Gbps である。通信の高速化のために、チャンネル帯域幅を最大で 160MHz に拡大、無線通信のストリーム数を最大で8ストリームに拡張、変調多値数を 64QAM から 256QAM に増加させ、高速通信を実現している。

(ウ) Miracast は、Wi-Fi Direct の技術を利用して、スマートフォンなどからテレビなどの表示機器にルーターやアクセスポイントなしに1対1で映像や音声を伝送する技術であり、フルハイビジョン映像の伝送に対応している。ただし、Miracast を使うためには送信、受信側の双方の機器がこの機能に対応している必要がある。

(エ) Bluetooth 機器のペアリング時などに使用される NFC は、交通系 IC カードや電子マネー系 IC カードなどと同様に、2.4GHz の周波数を利用して通信を行う近距離無線通信規格である。NFC の通信距離は 10cm 程度である。

(オ) Wi-SUN は、スマートメーターや HEMS コントローラーなどのエネルギー関連機器などに使用される無線規格である。使用する電波帯域は、特定小電力無線と呼ばれる 920MHz 帯であり、このため、電子レンジなどの電波干渉を起こしにくく、電波の回り込み特性に優れており障害物などがある場所でも比較的安定した通信ができる。

【組み合わせ】
① （ア）と（ウ）
② （イ）と（エ）
③ （ウ）と（オ）
④ （エ）と（ア）

問題
基礎技術

次は、ホームネットワークなどについて述べたものである。
（ア）〜（オ）について、<u>正しいものは①</u>、<u>誤っているものは②</u>を選択しな
さい。

（ア）　OSI 参照モデルの通信プロトコルを下図に示す。LAN で広く利用されているイー
　　　　サネットは、第6層および第7層に相当する規格である。

OSI参照モデル
第7層　アプリケーション層
第6層　プレゼンテーション層
第5層　セッション層
第4層　トランスポート層
第3層　ネットワーク層
第2層　データリンク層
第1層　物理層

（イ）　IP アドレスは、インターネットやイントラネットでパソコン1台1台を識別す
　　　　るために割り当てられた住所のように考えることができる番号である。社内や家
　　　　庭内など閉じられた LAN 環境でのみ有効な IP アドレスは、ローカル IP アドレ
　　　　ス、またはプライベート IP アドレスと呼ばれる。

（ウ）　AV 機器をネットワークに接続する場合、一般的に IP アドレスは、DHCP サー
　　　　バー（ブロードバンドルーター）から取得する。ブロードバンドルーターに接続
　　　　せずに DLNA のガイドラインに対応したテレビと BD/HDD レコーダーを一対
　　　　一でネットワーク接続するような場合は、機器が持つ APIPA と呼ばれる機能
　　　　で、機器自ら自分自身に IP アドレスを付与し相手機器と接続を行う。

（エ）　無線 LAN として、現在、もっとも普及しているのは、IEEE802.11 シリーズ
　　　　である。代表的なものに、IEEE802.11a/b/g/n/ac などの規格がある。このう
　　　　ちで、IEEE802.11ac 規格は、5GHz の周波数帯を使用する。

（オ）　IP アドレスは、従来 IPv4 のルールで割り当てられてきたが、アドレス長は
　　　　32bit であり、2の32乗＝約43億個で限界となってしまう。そこで、IPv6
　　　　というアドレス長が 128bit に拡張された IP アドレスで、IPv4 と互換性を持つ
　　　　新しい規格が制定されている。

問題 14

次は、デジタルコードレス電話機や通信機器の関連事項について述べたものである。

（ア）～（オ）について、正しいものは①、誤っているものは②を選択しなさい。

（右側縦書き）情報AV家電　基礎技術　問題

（ア）　IMSI は、3G 方式、LTE 方式などの携帯電話などで使われる最大 15 桁の識別番号である。IMSI は、すべてが端末基板ごとの専用チップに固有の番号が記録されており、基板交換の際には携帯電話網への再設定が必要になる。

（イ）　DECT 準拠方式のデジタルコードレス電話機は、宅内で電波が届かない場所が多く存在する場合でも、親機と子機の間に DECT 準拠方式の中継器を設置することにより、通信を可能とするシステム構成ができる。

（ウ）　LTE-Advanced とは LTE と技術的な互換性を保ちながら、通信の高速化を可能にする通信規格である。この高速化を実現する技術として、キャリアアグリゲーションや MIMO などが利用されている。

（エ）　DECT 準拠方式のデジタルコードレス電話機は、PHS と同じ周波数帯を使うが、周波数ホッピングによって PHS 方式の制御チャンネルの電波の有無を検出し、PHS 方式との干渉を回避している。

（オ）　5G は、IoT や M2M などによる通信端末の飛躍的な増加や 4K、8K 映像に代表される高画質化に伴う通信データ量の増加に対応するため、大容量高速化、低遅延化、通信端末の小型化などを要求条件とした規格であり、通信方式は 4G と上位互換性を持つ。

問題 15

次は、AV 情報家電関係の法規について述べたものである。
（ア）～（オ）について、正しいものは①、誤っているものは②を選択しなさい。

（ア）　下図は、「ぬれ手禁止」と呼ばれる禁止図記号で、製品をぬれた手で扱うと感電する可能性を示している。

（イ）　使用済み電池の廃棄方法について、マンガン乾電池、アルカリ乾電池、リチウムボタン電池等の一次電池は、2001 年に施行された「資源の有効な利用の促進に関する法律（資源有効利用促進法）」に基づき、製造事業者および輸入販売業者（メーカーなど）に回収・再資源化が義務付けられている。

（ウ）　電気用品安全法技術基準省令では、経年劣化による重大事故発生率は高くないものの、事故件数が多い５品目［扇風機、エアコン、換気扇、洗濯機（洗濯乾燥機を除く全自動洗濯機および２槽式洗濯機）、ブラウン管式テレビ］について、設計上の標準使用期間と経年劣化についての注意喚起などの表示を義務付けている。

（エ）　MRA（Mutual Recognition Agreement：相互承認認定）とは、相手国向けの機器の認証（機器が技術上の要件を満たしていることの検査・確認）を自国で実施することを可能とする二国間の協定である。MRA はその締結により、電気通信機器・電気用品などの海外への輸出入が円滑にできるようになり、企業の負担を軽減し、二国間の貿易を促進することを目的としている。

（オ）　下図は、家電製品の安全な取り扱いを理解してもらうための図記号で、取り扱いを誤った場合、使用者が死亡または重傷を負うことがあり、かつその切迫度合いが高い危害の程度を示す。

AV情報家電

問題
応用技術

問題 1

次は、修理作業の注意点などと電池および関連事項について述べたものである。

組み合わせ①～④のうち、<u>不適切なものの組み合わせ</u>を1つ選択しなさい。

（ア） 鉛フリーはんだの特徴として、融体の粘度が従来のはんだより低いため、ぬれ特性に優れ、接合部のはんだが広がりやすいことがある。

（イ） 液晶テレビの液晶パネルを交換した場合、作業完了後に液晶テレビの映像を確認し、ホワイトバランスがあっていなければ、ホワイトバランスのデータを適正に調整することが一般的な作業手順である。

（ウ） フレキシブル基板は、折り曲げて使用できる基板である。点検や清掃時などでロック機構を持つコネクターからフレキシブル基板を抜くときは、ロック機構を手作業または工具などで解除し、その上でダメージを与えないように細心の注意をもってフレキシブルフラットケーブル部を引く。

（エ） アルカリ乾電池は、マンガン乾電池と同様に正極活物質に二酸化マンガン、負極活物質に亜鉛を用いているが、電解液に強アルカリ性の水酸化カリウムを用いている。この電池はマンガン乾電池と電圧、電池サイズで互換性があり、高容量で、放電特性に優れている。

（オ） リチウムイオン二次電池は、使用しない場合でも機器に装着しておくと微小な電流が流れて電池の残容量が少しずつ低下する。過放電になっても、メモリー効果により復帰させることができるため、放電した状態で保存するのがよい。

【組み合わせ】
① （ア）と（ウ）
② （ア）と（オ）
③ （イ）と（ウ）
④ （エ）と（オ）

AV情報家電

問題 2

次は、デジタル放送の受信について述べたものである。
（ア）～（オ）について、<u>適切なもの</u>は①、<u>不適切なもの</u>は②を選択しなさい。

（ア）　地上デジタル放送を視聴中に画面が真っ暗になるブラックアウトの症状が発生したため、まずはレベルチェッカーで受信レベルや CN 比の確認をした。受信レベルと CN 比が入力条件の数値より低い場合は、受信機までの受信設備の不具合が考えられる。

（イ）　BS・110 度 CS アンテナのコンバーター部では受信した中間周波数を増幅し局部発振周波数に変換する。この変換が正しく行われないと「チャンネルを切り替えることが出来ない」といった症状が発生する可能性がある。

（ウ）　地上デジタル放送の UHF アンテナ受信では、放送電波の送信所からの直接波と大地反射波が干渉し、通信路長差によって電界強度が変化することがある。アンテナ設置の高さ調整などにより十分な受信レベルと CN 比を得られるアンテナの高さを検証した上で、アンテナを固定する必要がある。

（エ）　新 4K8K 衛星放送の BS8K 放送を視聴中、無線 LAN の 2.4GHz を使用すると映像が止まるなどの不具合が発生した。無線 LAN の 5GHz では問題ないことから、周波数帯域が重複する 2400MHz 周辺の放送波が干渉を受けていると判断し、まずはテレビ端子や分配器などで、コネクターを使用せずに直付けまたはネジ止めの端子の機器を使用していないかなど受信システム全体を点検した。

（オ）　BS・110 度 CS デジタル放送の電波は 12GHz 帯の高い周波数で送信しているため、水滴による入力信号の減衰が小さく、降雨による受信障害を受けにくい放送方式である。ただし受信アンテナの方向にずれがあった場合は影響が出るため注意が必要である。

問題 3 次は、ハイビジョンテレビ受信機の各ブロックの動作説明および故障症状と診断の関係について述べたものである。
①～④のうち、**不適切なもの**を1つ選択しなさい。

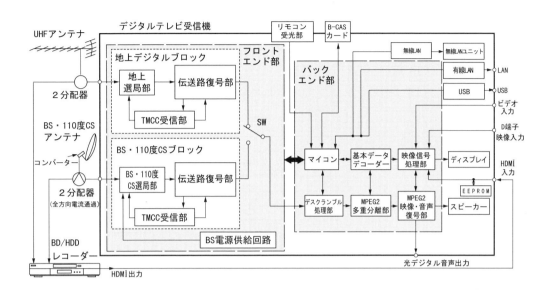

① バックエンド部の映像信号処理部では、MPEG2映像・音声復号部と基本データデコーダーから送られた信号を合成してディスプレイに出力している。この基本データデコーダーから信号が送られていない場合、「データ放送が表示されない」といった故障症状が考えられる。

② バックエンド部では、フロントエンド部の伝送路復号部から出力された信号から、B-CASカードおよび放送波に多重されている鍵情報を使ってスクランブルを解除している。このスクランブル処理が不具合になると「CH表示は切り替わるが、映像・音声共にでない」といった故障症状の発生が考えられる。

③ フロントエンド部の地上デジタルブロックでは、まず希望の信号を取り出し、直交検波を行ってI-Q信号を取り出した後、キャリア復調している。キャリア復調では周波数、時間軸上の両方でインターリーブされている信号を元に戻し、その後、誤り訂正され、MPEG2-TS信号としてバックエンド部に送られる。

④ フロントエンド部のBS・110度CSブロックでは、まず、希望の信号を取り出し、直交検波を行ってI-Q信号を取り出した後、64QAMや256QAMに変調および復号される。復号された信号は誤り訂正後、MPEG2-TS信号としてバックエンド部に送られる。

問題
応用技術

次は、デジタル放送の受信について述べたものである。
（ア）～（オ）について、<u>適切なもの</u>は①、<u>不適切なもの</u>は②を選択しなさい。

（ア）　BER とは、放送局からデジタル変調で送られてきた番組などのデータが最終的にどのくらい正確に受信できているかを表したもので、復調時の不具合を判断するために使用する。BER を測定したところ、下図Ａのようになっていた。このBER から判断すると受信良好の状態である。

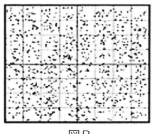

地上デジタル測定		
JAPAN UHF		
CH	27 地上デジタル　B	557.00MHz
LEVEL		
LAYER: B	64QAM	
BER	9. 2E－2	
-2　-3　-4　-5　-6　-7　-8　0		

図A

（イ）　コンスタレーションとは、受信信号の強度を表したもので、復調時の不具合を判断するために使用する。地上デジタル放送のコンスタレーションを測定したところ、図Bのようになっていたが、これは受信状態が良好である。

図B

（ウ）　700MHz 携帯電話基地局周辺の家屋やビルなどの建物において、アナログ放送用の受信ブースターをそのまま使用してテレビを視聴している場合、携帯電話の信号も増幅してしまうが、地上デジタル放送とは周波数が異なるため、障害が起こることはない。

（エ）　地上波デジタル放送の信号レベルと CN 比を測定したところ信号レベルは67.5dBμV と CN 比は 21dB であった。この値から判断すると、CN 比が低く、受信条件によってはブロックノイズなどの不具合が発生する。

（オ）　地上デジタル放送の受信時にブロックノイズが入り、安定受信できなかった。受信レベルは 40dBμV を確保していたが、MER は 10dB であった。MER の値が低いため、アンテナ出力にアッテネータを挿入した。

問題 **5**

次は、フレッツテレビや FTTH の不具合の診断について述べたものである。

①～④のうち、**不適切なもの**を１つ選択しなさい。

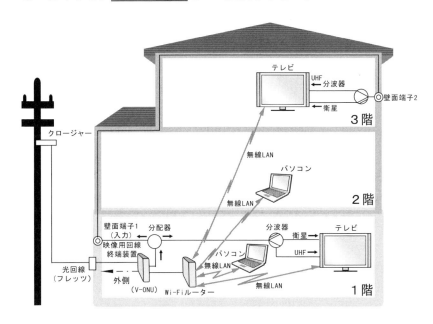

① ３階に設置しているテレビでパススルー方式の番組を受信していたが、視聴できなくなった。受信レベルを３階の壁面端子２で測定すると 33dBμV であったので、故障箇所を特定するために１階の壁面端子１に接続される分配器の出力を測定した。

② パススルー方式で地上デジタル放送を受信するテレビを１階に設置してチャンネル設定を終えたが、視聴できなかった。受信レベルを測定すると 93dBμV であったので、入力信号レベルが高すぎると判断し、分波器とテレビの間にアッテネータを挿入して再度、受信のチャンネル設定を行った。

③ IEEE802.11ac に対応したルーターを使用してネットワーク接続した。無線 LAN を使用してテレビでネット番組を視聴すると１階のテレビは視聴できたが、３階のテレビは映像が乱れたり、音声が途切れるなどの症状が発生しネット番組が視聴できなかった。対策として、２階に無線 LAN の中継器を設置した。

④ 無線 LAN 接続のテレビで「Amazon プライムビデオ」を視聴できなかったが、スマートフォンのテザリングを使うと視聴できた。また、パソコンで Wi-Fi ルーターの PPPoE の設定を確認したが正規の内容であった。以上のことから分配器もしくは分波器の不具合の可能性を疑った。

AV 情報家電

問題 応用技術

問題
応用技術

次は、6階建ての集合住宅におけるテレビ放送受信システムのブロック構成図である。1階のある部屋の壁面端子BでのUHF出力レベルが60dBμVであったとき、ブースターAのUHF出力レベルとして最も近い値を①～④のうちから1つ選び、その番号を選択しなさい。なお、各機器などの損失は表1の値とする。

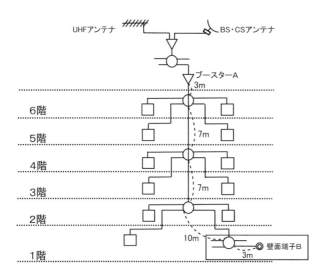

表1　各機器の損失

	UHF
2分配器（分配損失）	4.0dB
4分岐器（分配損失）	8.0dB
2分岐器（挿入損失）	2.5dB
2分岐器（結合損失）	12.9dB
4分岐器（挿入損失）	4.5dB
4分岐器（結合損失）	12.9dB
壁面端子（挿入損失）	0.5dB
ケーブル減衰量	100.0dB/km

① 81.5dB μV

② 85.0dB μV

③ 88.5dB μV

④ 95.0dB μV

問題 **7**

次は、CATV（ケーブルテレビ）等でのデジタル放送の受信について述べたものである。
①〜④のうち、**不適切なもの**を1つ選択しなさい。

① 一般的にSTBで4K放送を視聴するためには、HDMI入力が4K/HDRとHDCP2.2規格以降に対応している4K対応テレビなどの機器と18Gbps以上の高速伝送可能なHDMIケーブルを使って接続する必要がある。

② BSデジタル放送をトランスモジュレーション方式で伝送している場合、受信したBSデジタル放送の周波数は、設置されているSTBの対応可能な周波数、変調方式に変換して伝送されるため、CATVの引き込み線を直接テレビのBS・110度CSアンテナ端子に直接、接続しても受信できない。

③ トランスモジュレーション方式のCATVを利用し、2Kと4Kの両方のCSデジタル放送を視聴している顧客から、「4K放送を視聴しているときだけ、時々画面が真っ暗になり音も出なくなる」との連絡があった。テレビのアンテナ入力の受信レベル低下が原因と判断し、CSデジタル放送の中間周波数（1032MHz 〜 3224MHz）に対応したブースターを追加すれば改善すると説明した。

④ NTTが提供している「フレッツテレビ」では、2019年9月からBS左旋4K・8K放送及び110度CS左旋4K放送にも対応した。左旋放送を視聴するには、V-ONUとテレビのアンテナ端子の間に「光対応新4K8K衛星放送アダプター」を設置する。

次は、DLNA ガイドライン準拠のネットワーク接続設定および関連事項
について述べたものである。
（ア）～（オ）について、<u>適切なものは①</u>、<u>不適切なものは②</u>を選択しなさ
い。

（ア）　DLNA ガイドラインでは、コンテンツの再生を許可したい DMP を DMS に登録
しないとコンテンツを共有できない。登録された機器かどうかは、DMP の
MAC アドレスで判別しているので、家庭内に DNS サーバーを置かなくとも、
DLNA 機器間は通信できる。

（イ）　無線 LAN の接続設定を行った後、無線 LAN 子機の IP アドレスを確認したとこ
ろ、169.254.1.1 と表示された。このアドレスはプライベート IP アドレスと呼
ばれるもので、この IP アドレスが表示されていれば、無線 LAN 親機と子機間
の通信は成立していると判断してよい。

（ウ）　無線 LAN の子機同士が直接通信する Wi-Fi Direct は、無線 LAN アクセスポイ
ントの機能を端末側に内蔵されたソフトウェアで実現する方式のため、通信する
機器のどちらか一方が Wi-Fi Direct に対応していれば、相互の通信が可能であ
る。

（エ）　一般的な IPv4 の場合、外出先からタブレットを使って宅内にある BD/HDD レ
コーダーのコンテンツをリモート視聴する場合、一般的に NAT トラバーサルと
呼ばれる機能を使用する。このため、BD/HDD レコーダーに割り当てられたプ
ライベート IP アドレスをそのままタブレットに入力することにより、タブレッ
トで BD/HDD レコーダーの映像をリモート視聴することができる。

（オ）　テレビに接続されている USB HDD から BD/HDD レコーダーの内蔵 HDD へ
ダビングするためには、テレビと BD/HDD レコーダーを必ず有線 LAN ケーブ
ルで接続し、各々の機器に割り当てるプライベート IP アドレスを同じにする必
要がある。

問題 9 次は、オーディオ機器や関連する事柄について述べたものである。
（ア）〜（オ）について、適切なものは①、不適切なものは②を選択しなさい。

（ア） あるステレオ PCM 音源でサンプリング周波数 48kHz、符号化ビット 24bit の
とき、ビットレートは 2304kbit/s である。

（イ） 実用最大出力が 1 チャンネルあたり 30W（8Ω）、50W（4Ω）という定格内で
使用するオーディオアンプの 1 つのチャンネルに対して、同じ仕様のインピー
ダンス 8Ω のスピーカーを 2 個並列に接続する時は、許容入力を守るならば、1
個あたりのスピーカーの最大許容入力が 50W 以上の製品を選択する必要があ
る。

（ウ） SACD プレーヤーにおいて、テスト用ディスクをセットして再生し、製品のカ
バーを外してディスクの回転状態を目視で確認した。このとき、テスト用ディス
クに記録されている最初の楽曲再生時のディスクの回転速度よりも、最後の楽曲
の回転速度の方が遅かったが、これは正常である。

（エ） SACD プレーヤーと周波数特性が 30Hz 〜 40kHz のオーディオアンプ、およ
び周波数特性が 50Hz 〜 30kHz のスピーカーを組み合わせてオーディオシス
テムとした。これで一般的なオーディオ CD を再生した場合、楽曲の高音域は
30kHz まで再生される。

（オ） ハイレゾ音源対応のポータブルオーディオプレーヤーを使用する顧客から、「ハ
イレゾ音源だとメモリーがすぐにいっぱいになる。CD とハイレゾ音源でどれく
らいのデータ量の違いがあるのか」との問い合わせがあった。一例として、同じ
楽曲の場合、96kHz/24bit ステレオ音源で非圧縮フォーマットのデータ量は、
一般的なステレオ CD の約 3.3 倍と返答した。

問題
応用技術

次は、透過型液晶プロジェクターまたは液晶ディスプレイの不具合および
関連事項について述べたものである。
（ア）〜（オ）について、<u>適切なものは①</u>、<u>不適切なものは②</u>を選択しなさ
い。

（ア）　プロジェクターにて全画面白色の画像を投影したとき、投影された画像の一部に
黄色のピントのずれた影が映った。フォーカスをずらすと異物の形状が映し出さ
れたので、黄色と補色関係の青色の出射側偏光板と入射側偏光板の間の異物混入
が原因であると判断した。

（イ）　プロジェクターで映し出された映像が全体的に青みかかった映像となっていた。
このため、まずはホワイトバランス調整で色温度を現状設定より高い色温度に調
整をした。

（ウ）　下図は、画面に「横のライン線が入る」症状の一部を拡大したものである。これ
は液晶パネルのゲートドライバーに LCD コントローラーからスタートパルスな
どの入力がなく、ゲートバスにつながっている TFT が駆動していないことが考
えられ、LCD コントローラーやパネルユニットの不具合の可能性が高いと判断
した。

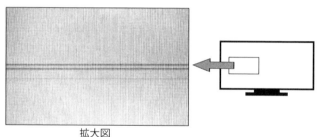

拡大図

（エ）　液晶ディスプレイに PC を接続しても「映像が出ない」という症状の場合、入力
チャンネル表示などのグラフィックスが正常に表示していれば、液晶パネルの映
像への光源となるバックライトは正常に点灯していると判断できるので、映像処
理回路などの不具合の可能性が高いと判断した。

（オ）　直下配置型 LED バックライトの液晶ディスプレイで視聴中、画面中央の映像が
暗いという不具合が発生した。白1色のテストパターンをテレビ画面に表示させ
て確認したところ、下図のような症状が再現された。画面の中央付近にぼやけた
黒い帯状の水平の横線が見えることから、階調電圧駆動回路の不具合の可能性が
高いと判断した。

問題 11 次は、テレビ受信機の電源回路の動作について述べたものである。
①〜④のうち、適切なものを1つ選択しなさい。

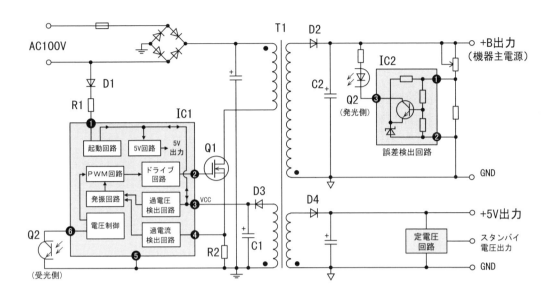

① D2がショートすると、T1の二次側巻き線電圧が上昇し、IC1の3番ピンの電圧が上昇するので、IC1の過電圧検出回路が動作して発振回路が停止する。

② T1の1次巻き線の一部がショートすると、R2に過電流が流れ、IC1の4番ピンの電圧が上昇し、過電流検出回路が動作して発振回路が停止する。

③ C2がオープンになると、+B出力電圧が降下する。T1の二次側巻き線電圧が降下すると、IC1の3番ピンの電圧が降下するため、IC1の過電圧検出回路が動作して発振回路が停止する。

④ D2がオープンになると、T1の一次側巻き線電流が増加し、IC1の4番ピンの電圧が上昇するので、IC1の過電流検出回路が動作し発振回路が停止する。

問題
応用技術

問題 12

次は、デジタルビデオカメラやデジタルスチルカメラの特性、あるいは不具合対応などについて述べたものである。

（ア）〜（オ）について、**適切なものは①、不適切なものは②**を選択しなさい。

（ア）　デジタルスチルカメラで撮影した画像ファイルは、DCF規格により、メディア内の第1階層のフォルダ名は必ず「DCIM」、第2階層は3桁のアルファベットと5文字の数字そして拡張子で構成され、画像ファイルが保管される。このままのファイル名では判りにくいため、一旦、PCなどで分かりやすい独自のファイル名に変更し、カメラで再生するとよい。

（イ）　SDXCカードには、UHS-ⅡやUHS-Ⅲのバスインターフェイス規格がありSDカードのデータ転送を高速化させたものである。これらのカードには、従来規格のUHS-I SDカードと互換性があるため、従来のSDカード対応機器でも高速転送が可能である。

（ウ）　被写界深度とは、被写体にピントを合わせたときに、被写体の前後でピントが合っているように見える範囲のことを指している。一般的に、ピントが合っている範囲が狭いときは「被写界深度が浅い」、広いときは「被写界深度が深い」と呼ぶ。被写界深度を深く撮影する場合には、なるべく絞りを閉じるように絞り値（F値）を大きくして撮影を行う。

（エ）　下図は、デジタルスチルカメラで撮影したある風景の写真のヒストグラム表示したものである。向かって右端（白）から左端（黒）へ向かうに従って徐々にピクセル数が増加しており、黒に近い部分ではピクセル数が最大になっていることから、暗い部分は黒つぶれしていると判断できる。

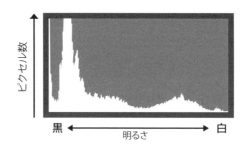

（オ）　レンズ交換が可能なデジタルミラーレス一眼カメラで、「どのレンズで撮影しても写真の左下あたりに黒い点が写り込んでしまう」と相談があった。黒い点の原因は撮像素子の汚れだと思われたので、レンズを取り外して、開口部から撮像素子を前から見て右上あたりに汚れが付着していないかを確認した。

問題
13

次は、AV アンプを用いたホームシアターシステムの接続図について述べたものである。
①〜④のうち、適切なものを1つ選択しなさい。

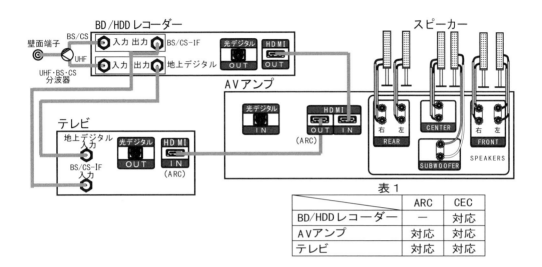

	ARC	CEC
BD/HDD レコーダー	―	対応
AVアンプ	対応	対応
テレビ	対応	対応

表 1

① ホームシアターを構築するとき、360 度方向に同じレベルのリアルな音場を再現するためには、上図のように AV アンプに接続されるスピーカーは、すべて同じスペックのものであることが望ましい。

② テレビで受信した地上デジタル放送の音声が AV アンプのスピーカーから出力されなくなった。テレビの光デジタル出力を AV アンプの光デジタル入力に接続すると音声は正常に出力された。このため、テレビ側の CEC 設定が OFF になっていないかを確認した。

③ BD/HDD レコーダーで市販のブルーレイディスクを再生したところ、映像は正常に出るが AV アンプから音声は出力されなかった。BD/HDD レコーダーの映像や音声信号は AV アンプに HDMI 経由で入力され、テレビ側で映像が正常に出力されているため、まずは AV アンプの設定関係や出力関係を確認した。

④ BD/HDD レコーダーで HDD に録画した番組を視聴中に、AV アンプの電源を OFF にしたところ、テレビでの映像や音声の視聴ができなくなった。この状態で音声をテレビ側で出力するため、テレビ側の ARC の設定を変更した。

次は、ネットワークおよび電話回線の関連事項あるいはそれらの不具合対応などについて述べたものである。

（ア）～（オ）について、**適切なものは①**、**不適切なものは②**を選択しなさい。

（ア）　IPv4 において、ホストである IP 通信機器の IP アドレスが 192.168.10.20、サブネットマスクが 255.255.255.224 の場合、その IP 通信機器が所属するネットワークで識別できるホスト数は、最大 62 台である。

（イ）　デジタルコードレス電話機で破損した外装部品（技適マーク貼付部品）の交換要望の修理依頼があった。デジタルコードレス電話機は電波法および電気通信事業法で管理されており、修理完了後に再度、技術基準適合証明を申請し、新しい技適マークのシールを貼り直す必要があるため、修理時間に余裕を見ておく必要がある。

（ウ）　IP 通信機器からあるホームページにアクセスしようとしても、ホームページの内容が確認できなかった。IP 通信機器から IP パケットが届いているかを確認する ping コマンドを該当ホームページの URL に送信し、正常に返信が返ってきた場合は、一般的に名前解決はできていると考えてよい。

（エ）　総務省と経済産業省が公表した IoT セキュリティガイドライン ver1.0 は、情報サービスを受ける利用者側について、製品本体のセキュリティ機能が脆弱であっても、ある程度のセキュリティ性能を確保できるようにするための基本的な取り組みをまとめたものである。

（オ）　顧客の要望により、宅内に複数台のネットワークカメラを設置したとき、電子レンジなどとの電波干渉を避けるため DECT 準拠方式で映像信号を伝送するカメラを選定した。このため、DECT 準拠方式スマートフォンを使用すれば、外出中もネットワークカメラの映像が見ることができるとアドバイスした。

次は、BD/HDD レコーダーの故障診断および AV システム機器の関連事項について述べたものである。

（ア）～（オ）について、<u>適切なもの</u>は①、<u>不適切なもの</u>は②を選択しなさい。

（ア） BD/HDD レコーダーの内蔵 HDD から USB HDD にダビングした番組を再生したところ、視聴途中で停止したり、コマ送りのような症状が発生した。内蔵 HDD に記録されたダビング元の番組の再生は正常であったことから、映像、音声信号を処理するデジタル基板は正常であり、USB HDD ドライブの不具合、あるいは USB ケーブルの不具合の可能性があると判断した。

（イ） BD/HDD レコーダーにおいて、DVD ソフトは再生できるが BD ソフトが再生できなくなった。内蔵 HDD への放送番組の記録、再生は正常に動作した。ピックアップのレンズクリーニングも効果がなかった。このため、波長 650nm 側のレーザーピックアップを交換した。

（ウ） ファイナライズされた、BD-R に記録されたコンテンツおよび DVD-R に記録されたコンテンツが、再生はできるが HDD へのムーブバックはできなかった。このため、BD/DVD ドライブの消去ヘッドまたは HDD の書き込みヘッドに異常があると判断した。

（エ） 内蔵 HDD に長時間モードで録画された映像コンテンツを BD-R ディスクへダビングしようとしたところ、ダビング途中で停止した。コピー可能回数は減っていなかったため、同映像コンテンツを他の BD-R ディスクへダビングしたところ、正常にダビングできた。以上のことから、まずはデジタル信号処理回路の不良が疑われる。

（オ） PC などの HDMI 出力は、HDMI を DVI に変換するアダプターを使用して、DVI 対応機器（モニターやプロジェクター）に接続できる。ただし、DVI 対応機器のセキュリティ保護のため WEP パスワードの入力が求められることがある。

AV情報家電
問題 & 解説

基礎技術
応用技術

次は、家電製品の電気回路に使われる基本的な部品および修理の基本などについて述べたものである。

（ア）～（オ）について、正しいものは①、誤っているものは②を選択しなさい。

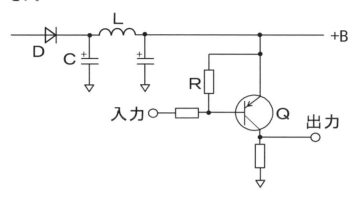

（ア）　上図において、部品Qはトランジスタと呼ばれ、コレクタ、ベース、エミッタの３つの電極を持つ。トランジスタはコレクタ、ベース、エミッタの３極の素子でPNP型（接合）やNPN型（接合）があり、コレクタ・エミッタ間に流す電流により、全体を流れる電流を制御できる。

（イ）　上図において、部品Dはダイオードと呼ばれ、整流作用（電流を一方向に流す作用）を持つ部品である。一般的な接合型ダイオードは、P型半導体とN型半導体が接合された２極の素子であり、電流が流れ出すP型半導体側端子をカソード（K：陰極）、電流が流れ込むN型半導体側端子をアノード（A：陽極）という。

（ウ）　上図において、部品Rは抵抗器と呼ばれ、電流を流れにくくし、回路の電流を制限したり調整することや、電流を電圧に変換したりすることにより、回路を適切に動作させる役割を果たす部品である。

（エ）　上図において、部品Cはコンデンサーと呼ばれ、直流は通さず、交流は通過する。交流電圧を加えると周波数が高いほどリアクタンス（交流の通りにくさ）は大きくなり、電流の位相は電圧に対して90°遅れる。

（オ）　部品の点検を行うときは、それぞれの条件の中で留意すべき点は何かを選択しながら、安全チェックを進めることが必要である。回路図、部品表に下図マークが記されている部品は、安全上重要な部品であるので、必ず、メーカー指定の部品を使用する。

正解 （ア）②　　（イ）②　　（ウ）①　　（エ）②　　（オ）①

解説▼

（ア）　トランジスタはコレクタ、ベース、エミッタの3極の素子でPNP型（接合）やNPN型（接合）があり、<u>コレクタ・エミッタ間ではなく、ベースに流す電流</u>により、エミッタ　コレクタ間を流れる電流を制御できる。

（イ）　上図において、部品Dはダイオードと呼ばれ、整流作用（電流を一方向に流す作用）を持つ部品である。一般的なPN接合ダイオードは、P型半導体とN型半導体が接合された2極の素子であり、<u>電流が流れ込むP型半導体側端子をアノード（A：陽極）、電流が流れ出すN型半導体側端子をカソード（K：陰極）</u>という。

（エ）　上図において、部品Cはコンデンサーと呼ばれ、直流は通さず、交流は通過する。交流電圧を加えると<u>周波数が高いほどリアクタンス（交流の通りにくさ）は大きくなるのではなく、小さくなり、電流の位相は電圧に対して90°進む</u>。

次は、著作権保護技術について述べたものである。

組み合わせ①〜④のうち、誤っているものの組み合わせを1つ選択しなさい。

（ア）　2K デジタル放送を BD ディスクに録画する際や、市販の映画 BD ソフトに用いられている著作権保護技術に AACS がある。DVD で採用されていた著作権保護技術の CSS や CPRM より一段と強化された暗号化技術を採用し、より強固なセキュリティを実現している。

（イ）　HDCP とは、Wi-Fi ネットワークで動画伝送に用いられる著作権保護技術である。HDCP に対応しているソース（送出）側機器は、シンク（受信）側機器が本技術に対応していることを認証できれば、暗号化したコンテンツを伝送する。

（ウ）　SCMS-T とは、Bluetooth でデジタル音声を伝送する時などに用いられる著作権保護技術である。地上デジタル放送やワンセグ放送などのデジタル音声を Bluetooth で伝送する際に用いられる。送信機側と受信機側の双方が SCMS-T に対応している必要がある。

（エ）　著作権保護されたデジタル放送番組を 2K 画質のまま外付け USB HDD に記録した場合、SeeQVault に対応した機器で録画されたコンテンツは、どの機器に接続しても 4K 画質での再生互換性が保証されている。

（オ）　DTCP+ と呼ばれる規格は、DTCP-IP において、インターネットを介して外部からローカルエリアネットワーク内に設置された機器の録画番組や受信しているデジタル放送番組の視聴を、可能にする機能追加が行われたものである。

【組み合わせ】

①　（ア）と（オ）

②　（イ）と（ウ）

③　（ウ）と（エ）

④　（エ）と（イ）

正解 ④

解説 ▼

（イ） HDCP（High-bandwidth Digital Content Protection）は、<u>Wi-Fi ネットワークで用いられるのではなく、DVI や HDMI に用いられている著作権保護技術である。</u>

（エ） SeeQVault は、著作権保護されたデジタル放送番組を 2K 画質のまま記録できることが特徴だが、SeeQVault に対応した外付け USB HDD を使用し、それぞれの機器は、SeeQVault に対応している必要がある。また<u>対応機器間でのデータ互換性がすべて保証されているわけではない</u>ため、各機器の取扱説明書などで互換性の確認をする必要がある。また、<u>基本的に 4K の再生互換性はない。</u>

問題 3 次は、ネットワーク技術の基礎について述べたものである。
（ア）～（オ）について、正しいものは①、誤っているものは②を選択しなさい。

（ア）　IP は、上位層からの送信データを規定長のパケットに分割して下位層へ受け渡す機能や、送受信のパケットの順序維持、パケットの到達確認などを行うプロトコルである。TCP は受信したパケットに IP アドレスを付加し送信経路なども定義するプロトコルである。

（イ）　ネットワークアドレス変換におけるポートマッピングとは、グローバル IP アドレスの特定のポートを特定のプライベート IP アドレスの特定のポートに固定的に対応づけて転送する機能のことである。

（ウ）　IPv4 の IP アドレスは、32 ビット長の IP アドレスを 8 ビットずつの 4 グループに区分けし、その 8 ビットを 10 進数に表記しなおして表示される。各ビットが以下の図の状態であった場合の IP アドレスの表記は、192.168.10.22　となる。

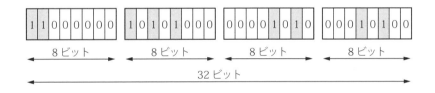

（エ）　IP アドレスにおけるブロードキャストアドレスは、特定のグループに所属する複数の IP 通信機器に同じデータを送信する場合に使われる。また、IP によるストリーミング放送はこの機能を使用して行われている。

（オ）　JIS Q27001（ISO/IEC 27001）などによって規定されている情報セキュリティにおける情報の完全性とは、情報へのアクセスを認められた者が、必要時に中断することなく情報にアクセスできる状態を確保することをいう。

情報家電AV
問題&解説
基礎技術

正解 （ア）② （イ）① （ウ）② （エ）② （オ）②

解説 ▼

（ア） TCP は上位層からの長い送信データをパケットに分割して下位層へ受け渡す機能（セグメンテーション）や、送受信のパケットの順序維持、パケットの到達確認などを行うプロトルであり、IP は受信したパケットに IP アドレスを付加し送信経路なども定義するプロトコルである。問題は TCP と IP が逆である。

（ウ） IPv4 の IP アドレスは、32 ビット長の IP アドレスを 4 グループに区分けして、10 進数で表示される。8 ビット表示で以下の図の状態であった場合の IP アドレスの表記は、192.168.10.20 となる。

（エ） IP アドレスにおけるマルチキャストアドレスは、特定のグループに所属する複数の IP 通信機器に同じデータを送信する場合に使われる。この機能は、IP によるストリーミング放送などにも利用されている。ブロードキャストアドレスは、LAN 内のすべての端末に同じデータを同時に送信するときに使用される。

（オ） JIS Q27001（ISO/IEC 27001）などによって規定されている情報セキュリティにおける情報の完全性とは、情報が破壊、改ざん、または消去されていない状態を確保することをいう。設問は可用性である。

問題 4

次は、新 4K8K 衛星放送における 4K 放送、8K 放送や放送サービスなどについて述べたものである。

（ア）～（オ）について、<u>正しいものは①</u>、<u>誤っているものは②</u>を選択しなさい。

（ア）　Hybridcast とは、放送と視聴番組内の関連情報を連携させた放送サービスである。この放送サービスは、放送波の空きスペースに別の動画情報を重畳することで、視聴番組に関連した情報を動画の形で表示できるという特徴がある。

（イ）　新 4K8K 衛星放送で採用された、ITU-R 勧告の色域である BT.2020 は、従来の BS デジタル放送などの BT.709 よりも色域が広いため、色の再現範囲が広く、より現実に近い映像を再現できるようになった。

（ウ）　4K 放送の左旋円偏波の IF 信号周波数は、最小 1595MHz ～最大 2071MHz であり、右旋円偏波の IF 信号と比べ低い周波数であるため、電波漏えいが発生しにくく、既存の受信設備をそのまま使用することができる。ただしアンテナは左旋円偏波に対応しているものに交換する必要がある。

（エ）　新 4K8K 衛星放送で採用されている映像符号化方式の MPEG-H HEVC/H.265（HEVC）は、MPEG4 AVC/H.264 と比べて圧縮率は約 2 倍であり、イントラ予測や周波数変換サイズなどの映像符号化ツールが強化されている。

（オ）　新 4K8K 衛星放送の電波干渉において、Wi-Fi などの無線 LAN や電子レンジなどから漏れた電磁波が左旋円偏波の中間周波数帯に電波干渉を引き起こし、新 4K8K 衛星放送の受信に影響を受けることを「被干渉」という。

正解　（ア）②　（イ）①　（ウ）②　（エ）①　（オ）①

解説 ▼

（ア）　Hybridcast とは、放送とネットワークを連携させた放送サービスである。<u>放送波の空きスペースには容量に限りがあり文字などの少量の情報しか重畳することができず</u>データ放送として使用されている。高画質画像などテレビ放送と同品質の動画などはネットワークを通じて伝送される。

（ウ）　4K 放送の左旋円偏波の IF 信号周波数は、<u>最小 2224MHz ～最大 3224MHz であり右旋円偏波の IF 信号と比べ高い周波数</u>であるため、従来の受信設備（ブースターなど）では電波漏えいにより他の機器に影響を与える可能性があるため<u>高い IF 信号に適合した機器を使う必要がある</u>。またアンテナも左旋円偏波に対応しているものに交換する必要がある。

情報家電 AV 基礎技術　問題&解説

次は、テレビ受信機などの各端子および回線などの関連事項について述べたものである。

（ア）～（オ）について、正しいものは①、誤っているものは②を選択しなさい。

（ア）　FTTH を利用して地上・衛星放送の高周波信号を光信号に変換して伝送するパススルー方式は、光ファイバーケーブルの映像用回線終端装置から高周波信号を出力し、同軸ケーブルを使用してアンテナ端子へ接続する。この方式では STB を設置する必要はなく、分配することにより、1 回線でも複数台のテレビで放送を視聴できる。

（イ）　光ファイバーケーブルを家庭まで敷設して、高速通信を行う FTTH 方式の伝送では、長距離になっても金属ケーブルと比べて信号の減衰はほとんどないが、回線を複数のユーザーで共有し同時に使用した場合は、伝送速度が低下することに注意が必要である。

（ウ）　124/128 度 CS デジタル放送を受信するには 2 つの衛星にそれぞれ右旋および左旋の 2 つの円偏波、合計 4 つの電波を切り換える必要がある。電波の切り換えには、アンテナのコンバータへの電源供給の DC11V と 3 種類のパルス信号を使って行われる。

（エ）　HDMI 端子はパソコンとモニターを接続する従来の DVI 端子を発展させた端子である。そのため HDMI から DVI に変換するアダプターを使用すれば DVI 機器と接続することができる。DVI 機器が HDCP に対応していれば、映像信号と合わせて、デジタル音声圧縮信号も伝送できる。

（オ）　マンションなどの集合住宅で FTTH を利用する場合、各戸に光回線を直接引き込む方式以外に、各建物の共用部分まで光ファイバーケーブルを引き込んで各戸へ配線する VDSL 方式と LAN 配線方式がある。VDSL 方式では、共用部分以降の各戸へは、電話回線を使用して配信される。

正解 （ア）① （イ）① （ウ）② （エ）② （オ）①

解説▼

（ウ）　124/128 度 CS デジタル放送を受信するには２つの衛星にそれぞれ<u>水平、垂直の２つの直線偏波、合計４つの電波を切り換える</u>必要がある。124/128 度 CS デジタル放送では、アンテナのコンバータへの供給が <u>DC15V および DC11V の２つの電源と１つのパルス信号で使用電波を切り換える</u>。

（エ）　HDMI はパソコンとモニターを接続する従来の DVI 端子を発展させた端子である。そのため HDMI から DVI に変換するアダプターを使用して DVI 機器と接続することができるが、DVI 機器が著作権保護技術（HDCP）に対応していれば、著作権保護された映像が視聴できる。DVI 端子は、基本は<u>映像専用端子であり、HDCP 対応と音声伝送とは関係がない</u>。

問題&解説
基礎技術

次は、テレビ受信機の電源回路の動作について述べたものである。
①〜④のうち、誤っているものを１つ選択しなさい。

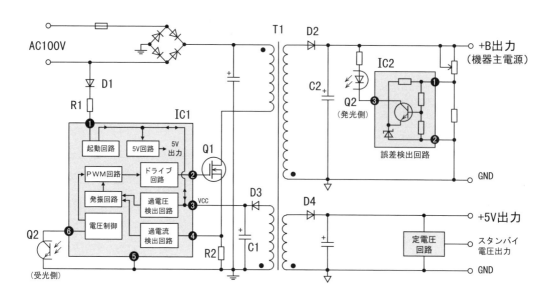

① 誤差検出回路の出力は、フォトカプラ Q2（受光側）を経て IC1 の６番ピンに入力され、IC1 内の PWM 回路がドライブ回路を通じて２番ピンの Q1 の駆動信号の振幅を制御することにより、T1 の二次側の出力電圧を一定にしている。

② AC100V が供給されると、D1 および R1 を通して IC1 の１番ピンにスタート電圧が加わり、IC1 が起動する。

③ IC1 が起動することにより、IC1 の２番ピンから Q1 のゲートにパルス信号が供給される。Q1 が ON するタイミングで T1 の一次側に電流が流れ、T1 にエネルギーが蓄積される。Q1 が OFF したタイミングで、T1 の二次側に電圧が誘起され D2 で整流、C2 で平滑することにより直流電圧が得られる。

④ 何らかの原因で負荷が軽くなると、+B 出力電圧が高くなる。+B 出力電圧が高くなると IC2 内のトランジスタのベース電圧が高くなり、コレクタ・エミッタ間に流れる電流が増加する。

正解　①

解説 ▼

① 　誤差検出回路の出力は、フォトカプラ Q2（受光側）を経て IC1 の６番ピンに入力され、IC1 内の PWM 回路がドライブ回路を通じて２番ピンの Q1 の<u>駆動信号のパルス幅を制御する</u>ことにより、T1 の二次側の出力電圧を一定にしている。

次は、テレビ放送の方式および機器の関連事項について述べたものである。
（ア）～（オ）について、<u>正しいもの</u>は①、<u>誤っているもの</u>は②を選択しなさい。

（ア）　光回線のテレビサービスである「フレッツ・テレビ」などの新4K8K衛星放送の再送信サービスでは、従来の既設受信システムを使用するために左旋円偏波のBS・110度CSデジタル放送を右旋円偏波のIF周波数より低い周波数に変換している。周波数変換された左旋円偏波のBS・110度CSデジタル放送は4Kまたは8Kテレビのアンテナ端子に直接、接続して視聴できる。

（イ）　124/128度CSデジタル放送は、BS・110度CSデジタル放送と同じ衛星放送であるが偏波方式が異なる。124/128度CSデジタル放送は直線偏波で水平偏波と垂直偏波の2つの偏波を使用して送信し、BS・110度CSデジタル放送は円偏波で送信している。

（ウ）　HSマーク（ハイシールドマーク）は、衛星テレビジョン放送の中間周波数において、一定以上の遮へい性能を有する機器に付与される。その対象機器は、対象の周波数帯域を増幅する、またはパスする機能を有するブースター、分配器、壁面端子、混合器、分波器、直列ユニットなどである。

（エ）　有機ELの電流駆動方式では、各画素にTFT（薄膜トランジスタ）などのアクティブ素子を配置し、必要な画素ごとに電流を流して発光体の強弱を制御することで、瞬時に発光させ低消費電力と高速な応答速度を実現している。

（オ）　有機ELディスプレイは、バックライトなどの光源が不要な自発光方式である。また、液晶ディスプレイと異なり、減色法によりシアン、マゼンタ、イエローの3原色の割合を変えてさまざまな色を作り出している。

正解　（ア）　②　　（イ）　①　　（ウ）　①　　（エ）　①　　（オ）　②

解説▼

（ア）　光回線のテレビサービスである「フレッツ・テレビ」などの新4K8K衛
　　　星放送の再送信サービスでは、従来の既設受信システムを使用するために左
　　　旋円偏波のBS・110度CSデジタル放送を右旋円偏波のIF周波数より低
　　　い周波数に変換している。周波数変換された左旋円偏波のBS・110度
　　　CSデジタル放送は専用のアダプターで元の左旋円偏波のIF周波数に戻す
　　　ことにより4Kまたは8Kテレビのアンテナ端子に直接、接続して視聴す
　　　ることができる。

（オ）　有機ELディスプレイは、バックライトなどの光源が不要な自発光方式で
　　　ある。また、有機ELディスプレイは液晶ディスプレイと同じ加色法により
　　　赤、緑、青の3原色を重ねて新たな色を作り出している。

問題&解説
基礎技術

問題 8

次は、ハイレゾオーディオについて述べたものである。
①〜④のうち、<u>誤っているもの</u>を１つ選択しなさい。

① 音源のアップスケーリングとは、CD スペック音源や MP3 音源といった非ハイレゾ音源データを「標本化周波数の拡張」や「量子化ビット数の拡張」などの技術を組み合わせて使用し、ハイレゾ音源のスペック相当に変換する技術である。

② ハイレゾ対応音声フォーマットである WAV 方式は、アナログ信号の「電圧の高・低」を「1bit パルス密度の高・低」に置き換えて記録する。2.8224MHz や 5.6448MHz などでサンプリングされ、原理上 100kHz を超える再生周波数帯域を持っている。

③ サンプリング周波数／量子化 bit 数が 96kHz/24bit のハイレゾ音源である PCM フォーマットで、1kHz の純音を記録、再生した場合、理論上、１kHz の音声信号のみが記録、再生される。

④ 非圧縮方式の WAV と可逆圧縮音声符号化方式の FLAC を同じ楽曲、同じ標本化周波数、量子化ビット数で比較した場合、WAV ファイルに比べて FLAC ファイルはデータサイズを約２／３にすることができる。

正解 ②

解説 ▼

② WAV 方式ではなく、<u>DSD 方式の説明</u>である。DSD はリニア PCM とはデジタル化の手法が根本的に異なり、アナログ信号の電圧を標本化周波数に基づいたパルスの密度で表す。

問題 9

次は、HD BD/HDD レコーダーの基本ブロック構成について述べたものである。
①～④のうち、誤っているものを1つ選択しなさい。

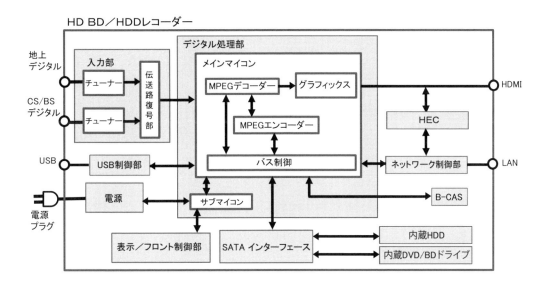

① DTCP-IP 対応機器より LAN 端子に接続し、記録された著作権保護コンテンツを内蔵 HDD にダビングする場合、ネットワーク制御部で必要な暗号解除をし、メインマイコンで暗号再設定処理を行い、内蔵 HDD に記録される。

② 内蔵 HDD に MPEG2-TS 形式で記録された番組を BD ディスクに長時間モードでダビングする場合、内蔵 HDD のデータは、デジタル処理部の MPEG デコーダーや MPEG エンコーダーで MPEG4 AVC/H.264 形式に変換され、SATA インターフェースを通り、DVD/BD ドライブで BD ディスクに記録される。

③ USB 端子に接続された外付け USB HDD の接続機器登録や外付け USB HDD に記録されたデータの再生時の暗号化復号処理は、デジタル処理部で行われる。

④ デジタル放送の放送形式である MPEG2-TS 方式を内蔵 HDD に長時間録画モードで録画する場合、入力部からの信号はメインマイコン内の MPEG デコーダーで一旦デコードされたあと、MPEG エンコーダーで MPEG4 AVC/H.264 方式にエンコードされ SATA インターフェースを通じて内蔵 HDD に記録される。

正解 ①

解説 ▼

① DTCP-IP 対応機器より LAN 端子に接続し、記録された著作権保護コンテンツを内蔵 HDD にダビングする場合、LAN 端子から入力されたデータは、<u>メインマイコンで必要な暗号解除と暗号再設定処理を行い</u>、内蔵 HDD に記録される。

問題 10

次は、デジタルビデオカメラおよびデジタルスチルカメラについて述べたものである。

組み合わせ①～④のうち、<u>誤っているものの組み合わせ</u>を 1 つ選択しなさい。

（ア）　撮像素子に使用される CMOS センサーに、裏面照射型 CMOS センサーがある。このセンサーは、配線層が受光面の反対側に配置されているため、入射光が配線層に遮られることがなく、従来の CMOS センサーと比べて受光効率がよい。

（イ）　AVCHD 方式は、2K 動画記録フォーマットの規格である。映像の符号化方式には MPEG4 AVC/H.264、音声にはドルビーデジタル方式またはリニア PCM 方式、多重化には MPEG2-TS が採用されている。また、この方式では、メモリーカードなどにフルハイビジョンの映像を記録できる。

（ウ）　位相差 AF 方式は、ピントが合うと画像のコントラストが高くなる原理を利用してピント合わせを行う方式である。フォーカスレンズを動かしコントラストが高くなる箇所を検出するため、ピント合わせにやや時間がかかる。

（エ）　手ブレ補正の光学式補正方式にレンズシフト方式がある。手ブレにより位置のずれた像を追いかけるようにブレの方向と大きさに応じ、レンズ群の一部を光軸の前後方向に動かして、光の進行方向を調整し補正している。

（オ）　デジタルカメラで撮影した静止画像を記録メディアに保存する場合に使われるファイル型式には、非可逆圧縮で記録する JPEG 形式と、無圧縮、または可逆圧縮で記録する RAW 形式がある。JPEG 形式はパソコンの標準機能で表示することが可能だが、RAW 形式は専用の画像展開ソフトが必要である。

【組み合わせ】
　①　（ア）と（イ）
　②　（イ）と（ウ）
　③　（ウ）と（エ）
　④　（エ）と（オ）

正解 ③

解説 ▼

（ウ）　コントラスト AF 方式は、ピントが合うと画像のコントラストが高くなる原理を利用してピント合わせを行う方式である。フォーカスレンズを動かしコントラストが高くなる箇所を検出するため、ピント合わせにやや時間がかかる。専門のセパレーターレンズや AF センサーが必要ではないため小型化に向いている。位相差 AF 方式は、セパレーターレンズや位相差 AF センサーを使ってピント合わせを行なう方式で、ズレの方向と量が同時に検出できるため、オートフォーカスを高速化できる特長がある。

（エ）　手ブレ補正の光学式補正方式にレンズシフト方式がある。手ブレの方向と大きさに応じ、レンズ群の一部を光軸の直角方向に動かして、光の進行方向を調整することにより手ブレを補正する方式である。

問題 11

次は、HDMI 規格および関連事項について述べたものである。
（ア）〜（オ）について、正しいものは①、誤っているものは②を選択しなさい。

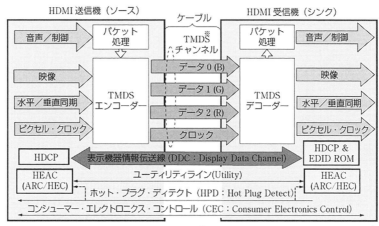

※TMDS（Transition Minimized Differential Signaling）

（ア）表示機器情報伝送線は DDC と呼ばれ、BD/HDD レコーダーの電源を ON にすると、表示機器であるディスプレイも連動して電源が ON になるといった機能などに利用される。ただし、電源 ON+自動入力切替、電源 OFF 連動、シアター音声切替以外の制御はメーカー独自の仕様のため、テレビとレコーダーのメーカーが異なる場合、連係動作は保証されない。

（イ）HDMI1.4 から ARC 機能が追加されたことで、デジタル音声信号は映像信号に重畳することにより、テレビと AV アンプなどの機器間でドルビーアトモスや DTS:X などのデジタル圧縮された音声信号の双方向伝送が可能となった。このため、従来、テレビの音声をアンプに伝送する際に必要だった光デジタルケーブルは不要となった。

（ウ）HDMI2.0 の TMDS 伝送方式では、3 つのデータ伝送路とクロック伝送路を使用して最大伝送速度が 18Gbps であったが、HDMI2.1 では、TMDS 伝送方式に加え、別の伝送方式を導入することで、最大伝送速度を 48Gbps に高められた。その要因のひとつは、伝送データにクロックを重畳させることで、空いたクロック伝送路を使い、4 つの伝送路に拡張を行ったことである。さらに、圧縮規格の DSC（Display Stream Compression）を使用することなどで、8K 映像信号の伝送を可能にした。

（エ）HDMI の映像信号は TMDS チャンネルを使用して、基本的に非圧縮のデジタル RGB 信号を伝送するが、ソース機器・シンク機器の双方が対応していれば、MPEG2 や MPEG4 AVC/H.264 などのデジタル圧縮映像信号を伝送できる。

（オ）ユーティリティラインは HEC（HDMI Ethernet Channel）の信号伝送などに利用されている。HEC信号は伝送周波数が高いため、接続には「With ETHERNET」のロゴ表示がある HEC 対応 HDMI ケーブルを使用することが推奨される。

正解 （ア）② 　（イ）② 　（ウ）① 　（エ）② 　（オ）①

解説▼

（ア）　機器間制御機能 CEC（Consumer Electronics Control）は、BD/
HDD レコーダーの電源を ON にすると、表示機器であるディスプレイも連
動して電源が ON になるといった機能などに利用される。ただし、電源
ON+ 自動入力切替、電源 OFF 連動、シアター音声切替以外の制御はメー
カー独自の仕様のため、テレビとレコーダーのメーカーが異なる場合、連係
動作は保証されない。

DDC（Display Data Channel）は、ディスプレイと接続機器間の通信
規格である。

（イ）　HDMI1.4 から ARC 機能が追加され、デジタル音声信号は ARC/HEC
端子の Utility ラインを使用し、テレビと AV アンプなどの機器に S/PDIF
（光ケーブルで伝送される信号）相当のデジタル音声信号を逆方向への伝送
が可能となった。このため、従来、テレビの音声をアンプに伝送する際に必
要だった光デジタルケーブルは不要となった。ドルビーアトモスや DTS:X
などのデジタル音声信号の伝送は、eARC に対応した HDMI2.1 からであ
る。

（エ）　HDMI はパソコン用の DVI 規格をベースに拡張してできたビデオイン
ターフェース規格である。基本はベースバンド（非圧縮）のデジタル RGB
信号を扱うが、ソース機器とシンク機器の双方が対応していれば、ベースバ
ンドのデジタル色差コンポーネント信号を扱うことができる。HDMI では
基本的に MPEG2 や MPEG4 AVC/H.264 などの圧縮映像信号を扱う
ことはできない。

問題 **12**

次は、ワイヤレス通信規格および関連事項について述べたものである。組み合わせ①～④のうち、<u>誤っているものの組み合わせ</u>を1つ選択しなさい。

（ア）　Bluetooth5.0 では、Bluetooth Low Energy（BLE）の通信モードを通信速度 2Mbps、1Mbps、500kbps および 125kbps の4種類としている。特に 2Mbps の通信モードでは、エラー訂正コードを追加して通信エラー耐性が向上したことなどにより、最大通信距離が 400m（送信電力 100mW 時）になるといわれている。

（イ）　無線 LAN の規格である IEEE802.11ac は、5GHz の周波数帯を使用し、規格上の最大伝送速度が約 6.9Gbps である。通信の高速化のために、チャンネル帯域幅を最大で 160MHz に拡大、無線通信のストリーム数を最大で8ストリームに拡張、変調多値数を 64QAM から 256QAM に増加させ、高速通信を実現している。

（ウ）　Miracast は、Wi-Fi Direct の技術を利用して、スマートフォンなどからテレビなどの表示機器にルーターやアクセスポイントなしに1対1で映像や音声を伝送する技術であり、フルハイビジョン映像の伝送に対応している。ただし、Miracast を使うためには送信、受信側の双方の機器がこの機能に対応している必要がある。

（エ）　Bluetooth 機器のペアリング時などに使用される NFC は、交通系 IC カードや電子マネー系 IC カードなどと同様に、2.4GHz の周波数を利用して通信を行う近距離無線通信規格である。NFC の通信距離は 10cm 程度である。

（オ）　Wi-SUN は、スマートメーターや HEMS コントローラーなどのエネルギー関連機器などに使用される無線規格である。使用する電波帯域は、特定小電力無線と呼ばれる 920MHz 帯であり、このため、電子レンジなどの電波干渉を起こしにくく、電波の回り込み特性に優れており障害物などがある場所でも比較的安定した通信ができる。

【組み合わせ】
① （ア）と（ウ）
② （イ）と（エ）
③ （ウ）と（オ）
④ （エ）と（ア）

正解 ④

解説 ▼

（ア）　Bluetooth5.0 では、Bluetooth Low Energy（BLE）の通信モードを通信速度 2Mbps、1Mbps、500kbps および 125kbps の 4 種類としている。<u>125kbps の通信モードではエラー訂正コードを追加し通信エラー耐性が向上したことなどにより、最大通信距離が 400m（送信電力100mW 時）になる</u>といわれている。

（エ）　Bluetooth 機器のペアリング時などに使われる NFC は、<u>13.56MHzの周波数を利用して通信を行う近距離無線通信規格</u>である。NFC の通信距離は 10cm 程度である。

問題 13

次は、ホームネットワークなどについて述べたものである。
（ア）～（オ）について、正しいものは①、誤っているものは②を選択しなさい。

（ア） OSI参照モデルの通信プロトコルを下図に示す。LANで広く利用されているイーサネットは、第6層および第7層に相当する規格である。

```
            OSI参照モデル
      第7層  アプリケーション層
      第6層  プレゼンテーション層
      第5層  セッション層
      第4層  トランスポート層
      第3層  ネットワーク層
      第2層  データリンク層
      第1層  物理層
```

（イ） IPアドレスは、インターネットやイントラネットでパソコン1台1台を識別するために割り当てられた住所のように考えることができる番号である。社内や家庭内など閉じられたLAN環境でのみ有効なIPアドレスは、ローカルIPアドレス、またはプライベートIPアドレスと呼ばれる。

（ウ） AV機器をネットワークに接続する場合、一般的にIPアドレスは、DHCPサーバー（ブロードバンドルーター）から取得する。ブロードバンドルーターに接続せずにDLNAのガイドラインに対応したテレビとBD/HDDレコーダーを一対一でネットワーク接続するような場合は、機器が持つAPIPAと呼ばれる機能で、機器自ら自分自身にIPアドレスを付与し相手機器と接続を行う。

（エ） 無線LANとして、現在、もっとも普及しているのは、IEEE802.11シリーズである。代表的なものに、IEEE802.11a/b/g/n/acなどの規格がある。このうちで、IEEE802.11ac規格は、5GHzの周波数帯を使用する。

（オ） IPアドレスは、従来IPv4のルールで割り当てられてきたが、アドレス長は32bitであり、2の32乗＝約43億個で限界となってしまう。そこで、IPv6というアドレス長が128bitに拡張されたIPアドレスで、IPv4と互換性を持つ新しい規格が制定されている。

情報家電
AV
問題&解説
基礎技術

正解 （ア） ② （イ） ① （ウ） ① （エ） ① （オ） ②

解説 ▼

（ア） LAN で広く利用されているイーサネットは、OSI 参照モデルの<u>通信プロ</u><u>トコルの第6層および第7層ではなく、第1層および第2層に相当する規格</u>である。

（オ） インターネット上の住所にあたる IP アドレスは、従来 IPv4 のルールで割り当てられてきたが、IPv4 はアドレスが 32bit であり、2 の 32 乗 ＝約 43 億個で限界となってしまう。そこで、IPv6 というアドレス長が128bit に拡張された IP アドレスを持つ新しい規格が制定されている。ただし、<u>IPv4 と IPv6 には互換性</u>はない。

問題 14

次は、デジタルコードレス電話機や通信機器の関連事項について述べたものである。
（ア）～（オ）について、正しいものは①、誤っているものは②を選択しなさい。

情報家電 AV
基礎技術 問題&解説

（ア） IMSI は、3G 方式、LTE 方式などの携帯電話などで使われる最大 15 桁の識別番号である。IMSI は、すべてが端末基板ごとの専用チップに固有の番号が記録されており、基板交換の際には携帯電話網への再設定が必要になる。

（イ） DECT 準拠方式のデジタルコードレス電話機は、宅内で電波が届かない場所が多く存在する場合でも、親機と子機の間に DECT 準拠方式の中継器を設置することにより、通信を可能とするシステム構成ができる。

（ウ） LTE-Advanced とは LTE と技術的な互換性を保ちながら、通信の高速化を可能にする通信規格である。この高速化を実現する技術として、キャリアアグリゲーションや MIMO などが利用されている。

（エ） DECT 準拠方式のデジタルコードレス電話機は、PHS と同じ周波数帯を使うが、周波数ホッピングによって PHS 方式の制御チャンネルの電波の有無を検出し、PHS 方式との干渉を回避している。

（オ） 5G は、IoT や M2M などによる通信端末の飛躍的な増加や 4K、8K 映像に代表される高画質化に伴う通信データ量の増加に対応するため、大容量高速化、低遅延化、通信端末の小型化などを要求条件とした規格であり、通信方式は 4G と上位互換性を持つ。

正解　（ア）　②　（イ）　①　（ウ）　①　（エ）　②　（オ）　②

解説▼

（ア）　IMSI（International Mobile Subscriber Identity）は、3G方式、LTE方式などの携帯電話などで使われる最大15桁の識別番号である。IMSIは、<u>一般的にSIMカードに書き込まれ、SIMカードを他の端末に入れ替えても、携帯電話網はIMSIにより利用者の識別および認証を行う。</u>

（エ）　DECT準拠方式のデジタルコードレス電話機は、<u>周波数ホッピングではなくキャリアセンスによってPHS方式の制御チャンネルの電波の有無を検出し、PHS方式との干渉を回避している。</u>

（オ）　5GはIoTやM2Mなどによる通信端末の飛躍的な増加や4K、8K映像に代表される高画質化に伴う通信データ量の増加に対応するため、大容量高速化、低遅延化、および<u>通信端末の小型化ではなく 多数端末同時接続</u>を要求条件として開発された規格である。<u>4Gとの互換性</u>はない。

問題 15

次は、AV 情報家電関係の法規について述べたものである。
（ア）～（オ）について、<u>正しいもの</u>は①、<u>誤っているもの</u>は②を選択しなさい。

（ア）　下図は、「ぬれ手禁止」と呼ばれる禁止図記号で、製品をぬれた手で扱うと感電する可能性を示している。

（イ）　使用済み電池の廃棄方法について、マンガン乾電池、アルカリ乾電池、リチウムボタン電池等の一次電池は、2001 年に施行された「資源の有効な利用の促進に関する法律（資源有効利用促進法）」に基づき、製造事業者および輸入販売業者（メーカーなど）に回収・再資源化が義務付けられている。

（ウ）　電気用品安全法技術基準省令では、経年劣化による重大事故発生率は高くないものの、事故件数が多い5品目［扇風機、エアコン、換気扇、洗濯機（洗濯乾燥機を除く全自動洗濯機および2槽式洗濯機）、ブラウン管式テレビ］について、設計上の標準使用期間と経年劣化についての注意喚起などの表示を義務付けている。

（エ）　MRA（Mutual Recognition Agreement：相互承認認定）とは、相手国向けの機器の認証（機器が技術上の要件を満たしていることの検査・確認）を自国で実施することを可能とする二国間の協定である。MRA はその締結により、電気通信機器・電気用品などの海外への輸出入が円滑にできるようになり、企業の負担を軽減し、二国間の貿易を促進することを目的としている。

（オ）　下図は、家電製品の安全な取り扱いを理解してもらうための図記号で、取り扱いを誤った場合、使用者が死亡または重傷を負うことがあり、かつその切迫度合いが高い危害の程度を示す。

問題＆解説
基礎技術

正解　（ア）①　　（イ）②　　（ウ）①　　（エ）①　　（オ）①

解説▼

（イ）「2001年に施行された「資源の有効な利用の促進に関する法律」（資源有効利用促進法）に基づき、回収・再資源化が義務付けられているのは、ニッケル・カドミウム充電池、ニッケル・水素充電池、リチウムイオン二次電池などの小型二次電池である。
　　マンガン乾電池、アルカリ乾電池、リチウムボタン電池等の一次電池はリサイクルの義務はなく、各自治体によって区分対象と廃棄方法が異なっているので、各自治体の指示に従って廃棄する。

問題&解説
応用技術

問題 1　次は、修理作業の注意点などと電池および関連事項について述べたものである。
組み合わせ①〜④のうち、<u>不適切なものの組み合わせ</u>を1つ選択しなさい。

（ア）　鉛フリーはんだの特徴として、融体の粘度が従来のはんだより低いため、ぬれ特性に優れ、接合部のはんだが広がりやすいことがある。

（イ）　液晶テレビの液晶パネルを交換した場合、作業完了後に液晶テレビの映像を確認し、ホワイトバランスがあっていなければ、ホワイトバランスのデータを適正に調整することが一般的な作業手順である。

（ウ）　フレキシブル基板は、折り曲げて使用できる基板である。点検や清掃時などでロック機構を持つコネクターからフレキシブル基板を抜くときは、ロック機構を手作業または工具などで解除し、その上でダメージを与えないように細心の注意をもってフレキシブルフラットケーブル部を引く。

（エ）　アルカリ乾電池は、マンガン乾電池と同様に正極活物質に二酸化マンガン、負極活物質に亜鉛を用いているが、電解液に強アルカリ性の水酸化カリウムを用いている。この電池はマンガン乾電池と電圧、電池サイズで互換性があり、高容量で、放電特性に優れている。

（オ）　リチウムイオン二次電池は、使用しない場合でも機器に装着しておくと微小な電流が流れて電池の残容量が少しずつ低下する。過放電になっても、メモリー効果により復帰させることができるため、放電した状態で保存するのがよい。

【組み合わせ】
①　（ア）と（ウ）
②　（ア）と（オ）
③　（イ）と（ウ）
④　（エ）と（オ）

正解 ②

解説 ▼

（ア）　鉛フリーはんだの特徴として、融体の粘度が従来のはんだより高いため、ぬれ特性が劣り、接合部のはんだが広がりにくい。はんだごてを長時間接触させるとプリント基板のランドの剥離や耐熱温度を超える可能性があるので注意が必要である。

（オ）　リチウムイオン二次電池は、使用しない場合でも機器に装着しておくと微少な電流が流れて電池の残容量が少しずつ低下する。過放電になると復帰させることができなくなることがあるので、ときどき充電する必要がある。

問題 2

次は、デジタル放送の受信について述べたものである。
（ア）〜（オ）について、<u>適切なもの</u>は①、<u>不適切なもの</u>は②を選択しなさい。

（ア） 地上デジタル放送を視聴中に画面が真っ暗になるブラックアウトの症状が発生したため、まずはレベルチェッカーで受信レベルや CN 比の確認をした。受信レベルと CN 比が入力条件の数値より低い場合は、受信機までの受信設備の不具合が考えられる。

（イ） BS・110 度 CS アンテナのコンバーター部では受信した中間周波数を増幅し局部発振周波数に変換する。この変換が正しく行われないと「チャンネルを切り替えることが出来ない」といった症状が発生する可能性がある。

（ウ） 地上デジタル放送の UHF アンテナ受信では、放送電波の送信所からの直接波と大地反射波が干渉し、通信路長差によって電界強度が変化することがある。アンテナ設置の高さ調整などにより十分な受信レベルと CN 比を得られるアンテナの高さを検証した上で、アンテナを固定する必要がある。

（エ） 新 4K8K 衛星放送の BS8K 放送を視聴中、無線 LAN の 2.4GHz を使用すると映像が止まるなどの不具合が発生した。無線 LAN の 5GHz では問題ないことから、周波数帯域が重複する 2400MHz 周辺の放送波が干渉を受けていると判断し、まずはテレビ端子や分配器などで、コネクターを使用せずに直付けまたはネジ止めの端子の機器を使用していないかなど受信システム全体を点検した。

（オ） BS・110 度 CS デジタル放送の電波は 12GHz 帯の高い周波数で送信しているため、水滴による入力信号の減衰が小さく、降雨による受信障害を受けにくい放送方式である。ただし受信アンテナの方向にずれがあった場合は影響が出るため注意が必要である。

正解　（ア）　①　　（イ）　②　　（ウ）　①　　（エ）　①　　（オ）　②

解説 ▼

（イ）　BS・110度CSアンテナで受信した微弱電波はコンバーター部で局部
　　　発振周波数により中間周波数に変換される。この変換が正しく行われないと
　　　「チャンネルを切り替えることが出来ない」ではなく、「BS・110度CS
　　　デジタル放送が受信できない」、「視聴画面に時々ブロックノイズが入る」な
　　　どといった症状が発生する可能性がある。

（オ）　BS・110度CSデジタル放送の電波は12GHz帯の高い周波数で送信
　　　しているため、降雨による入力信号の減衰が大きく、降雨による受信障害を
　　　受ける。受信アンテナの方向にずれがあった場合では、なお減衰の影響が大
　　　きくなる。

次は、ハイビジョンテレビ受信機の各ブロックの動作説明および故障症状と診断の関係について述べたものである。
①～④のうち、**不適切なもの**を1つ選択しなさい。

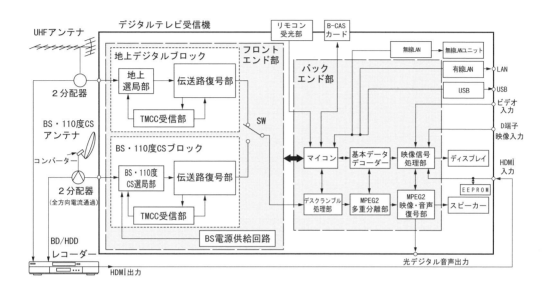

① バックエンド部の映像信号処理部では、MPEG2映像・音声復号部と基本データデコーダーから送られた信号を合成してディスプレイに出力している。この基本データデコーダーから信号が送られていない場合、「データ放送が表示されない」といった故障症状が考えられる。

② バックエンド部では、フロントエンド部の伝送路復号部から出力された信号から、B-CASカードおよび放送波に多重されている鍵情報を使ってスクランブルを解除している。このスクランブル処理が不具合になると「CH表示は切り替わるが、映像・音声共にでない」といった故障症状の発生が考えられる。

③ フロントエンド部の地上デジタルブロックでは、まず希望の信号を取り出し、直交検波を行ってI-Q信号を取り出した後、キャリア復調している。キャリア復調では周波数、時間軸上の両方でインターリーブされている信号を元に戻し、その後、誤り訂正され、MPEG2-TS信号としてバックエンド部に送られる。

④ フロントエンド部のBS・110度CSブロックでは、まず、希望の信号を取り出し、直交検波を行ってI-Q信号を取り出した後、64QAMや256QAMに変調および復号される。復号された信号は誤り訂正後、MPEG2-TS信号としてバックエンド部に送られる。

正解 ④

解説 ▼

④　フロントエンド部の BS・110 度 CS ブロックでは、まず、I-Q 信号を取り出した後、同期検波をすることで <u>TC8PSK や QPSK などの変調信号が復調および復号される</u>。復号された信号は、さらに誤り訂正後、MPEG2-TS 信号としてバックエンド部に送られる。

問題 4

次は、デジタル放送の受信について述べたものである。
（ア）～（オ）について、**適切なものは①**、**不適切なものは②**を選択しなさい。

（ア） BER とは、放送局からデジタル変調で送られてきた番組などのデータが最終的にどのくらい正確に受信できているかを表したもので、復調時の不具合を判断するために使用する。BER を測定したところ、下図Aのようになっていた。このBER から判断すると受信良好の状態である。

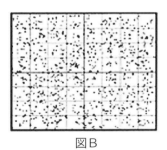

図A

（イ） コンスタレーションとは、受信信号の強度を表したもので、復調時の不具合を判断するために使用する。地上デジタル放送のコンスタレーションを測定したところ、図Bのようになっていたが、これは受信状態が良好である。

図B

（ウ） 700MHz 携帯電話基地局周辺の家屋やビルなどの建物において、アナログ放送用の受信ブースターをそのまま使用してテレビを視聴している場合、携帯電話の信号も増幅してしまうが、地上デジタル放送とは周波数が異なるため、障害が起こることはない。

（エ） 地上波デジタル放送の信号レベルと CN 比を測定したところ信号レベルは67.5dBμV と CN 比は 21dB であった。この値から判断すると、CN 比が低く、受信条件によってはブロックノイズなどの不具合が発生する。

（オ） 地上デジタル放送の受信時にブロックノイズが入り、安定受信できなかった。受信レベルは 40dBμV を確保していたが、MER は 10dB であった。MER の値が低いため、アンテナ出力にアッテネータを挿入した。

情報家電AV

問題&解説

応用技術

正解 （ア） ② （イ） ② （ウ） ② （エ） ① （オ） ②

解説 ▼

（ア） 劣化なく番組を視聴するためには、BER は 2.0×10 の -4 乗より小さい必要がある。図Aは BER が 9.2×10 の -2 乗あるため、受信状態は不良である。

（イ） コンスタレーションとは、受信信号のデジタル変調における振幅と位相の関係を表したもので、C/N の劣化や雑音が混入した場合、振幅や位相が変化するため分散された表示となり良好な場合は収れんして点に近い表示となる。このため、図Bの受信状態は不良である。

（ウ） 700MHz 携帯電話基地局周辺の家屋やビルなどの建物において、アナログ放送用の受信ブースターをそのまま使用してテレビを視聴している場合、携帯電話の信号も増幅してしまうため、隣接する地上デジタル放送の周波数帯に電波干渉を起こし、受信時にテレビの画面が映らなくなったり、画面上にブロックノイズが現れたり、画面がフリーズして動かないなどの障害が起こる可能性がある。

（オ） MER（Modulation Error Ratio）が悪い場合は　電波障害対策用アンテナへの交換、指向性の高いアンテナへの交換、アンテナ設置場所の見直しなどの対策が有効である。　信号レベルは 46 から 89dBμV の範囲内にあるのでアッテネータは不要である。

問題 5

次は、フレッツテレビや FTTH の不具合の診断について述べたものである。
①〜④のうち、**不適切なもの**を１つ選択しなさい。

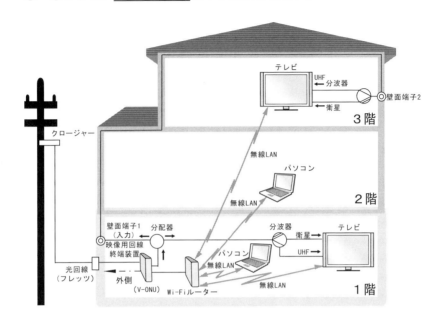

① 3階に設置しているテレビでパススルー方式の番組を受信していたが、視聴できなくなった。受信レベルを3階の壁面端子2で測定すると 33dBμV であったので、故障箇所を特定するために1階の壁面端子1に接続される分配器の出力を測定した。

② パススルー方式で地上デジタル放送を受信するテレビを1階に設置してチャンネル設定を終えたが、視聴できなかった。受信レベルを測定すると 93dBμV であったので、入力信号レベルが高すぎると判断し、分波器とテレビの間にアッテネータを挿入して再度、受信のチャンネル設定を行った。

③ IEEE802.11ac に対応したルーターを使用してネットワーク接続した。無線 LAN を使用してテレビでネット番組を視聴すると1階のテレビは視聴できたが、3階のテレビは映像が乱れたり、音声が途切れるなどの症状が発生しネット番組が視聴できなかった。対策として、2階に無線 LAN の中継器を設置した。

④ 無線 LAN 接続のテレビで「Amazon プライムビデオ」を視聴できなかったが、スマートフォンのテザリングを使うと視聴できた。また、パソコンで Wi-Fi ルーターの PPPoE の設定を確認したが正規の内容であった。以上のことから分配器もしくは分波器の不具合の可能性を疑った。

正解 ④

解説 ▼

④　無線 LAN 系統の不具合のため、分配器や分波器の影響はない。スマートフォンのテザリングで番組が視聴できるため、テレビ側の無線 LAN 設定は基本的に問題ないと考えられる。また、Wi-Fi ルーターの PPPoE の設定は異常ないため、V-ONU の機能確認と事業者側の回線の不具合、Wi-Fi ルーターと V-ONU 間の LAN ケーブルの確認などをまずは行うのが適切である。ネットワーク系統の問題であるため、分配器、分波器は関係がない。

問題6 次は、6階建ての集合住宅におけるテレビ放送受信システムのブロック構成図である。1階のある部屋の壁面端子Bでの UHF 出力レベルが60dBμV であったとき、ブースターAの UHF 出力レベルとして最も近い値を①～④のうちから1つ選び、その番号を選択しなさい。なお、各機器などの損失は表1の値とする。

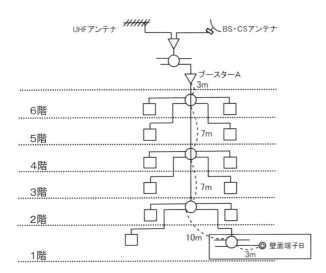

表1 各機器の損失

	UHF
2分配器（分配損失）	4.0dB
4分配器（分配損失）	8.0dB
2分岐器（挿入損失）	2.5dB
2分岐器（結合損失）	12.9dB
4分岐器（挿入損失）	4.5dB
4分岐器（結合損失）	12.9dB
壁面端子（挿入損失）	0.5dB
ケーブル減衰量	100.0dB/km

① 81.5dBμV ② 85.0dBμV ③ 88.5dBμV ④ 95.0dBμV

正解 ③

解説▼

③ ブースター出力＝壁面端子レベル＋壁面端子挿入損失＋4分配器分配損失＋4分配器分配損失＋4分岐器挿入損失＋4分岐器挿入損失＋ケーブル損失である。実際に数値を当てはめてみると、下記のようになる。

※ブースターA出力レベル＝ 60dBμV（壁面端子出力（UHF））＋ 0.5dB（壁面端子損失）＋ 8.0dB（4分配器分配損失）＋ 8.0dB（4分配器分配損失）＋ 4.5dB（4分岐器挿入損失）＋ 4.5dB（4分岐器挿入損失）＋{（3＋10＋7＋7＋3）/1000}× 100.0dB/km（ケーブル損失）＝88.5dBμV

問題 7

次は、CATV（ケーブルテレビ）等でのデジタル放送の受信について述べたものである。

①～④のうち、<u>不適切なもの</u>を１つ選択しなさい。

① 一般的にSTBで4K放送を視聴するためには、HDMI入力が4K/HDRとHDCP2.2規格以降に対応している4K対応テレビなどの機器と18Gbps以上の高速伝送可能なHDMIケーブルを使って接続する必要がある。

② BSデジタル放送をトランスモジュレーション方式で伝送している場合、受信したBSデジタル放送の周波数は、設置されているSTBの対応可能な周波数、変調方式に変換して伝送されるため、CATVの引き込み線を直接テレビのBS・110度CSアンテナ端子に直接、接続しても受信できない。

③ トランスモジュレーション方式のCATVを利用し、2Kと4Kの両方のCSデジタル放送を視聴している顧客から、「4K放送を視聴しているときだけ、時々画面が真っ暗になり音も出なくなる」との連絡があった。テレビのアンテナ入力の受信レベル低下が原因と判断し、CSデジタル放送の中間周波数（1032MHz～3224MHz）に対応したブースターを追加すれば改善すると説明した。

④ NTTが提供している「フレッツテレビ」では、2019年9月からBS左旋4K・8K放送及び110度CS左旋4K放送にも対応した。左旋放送を視聴するには、V-ONUとテレビのアンテナ端子の間に「光対応新4K8K衛星放送アダプター」を設置する。

正解 ③

解説 ▼

③ トランスモジュレーション方式のCATVを利用し、2Kと4Kの両方のCSデジタル放送を視聴し、「4K放送のみ時々画面が真っ暗になり音も出なくなる」場合、<u>4K放送以外のCS放送は問題ない事からテレビのアンテナ入力の問題とは考えにくい</u>。STBの不具合かテレビ側かあるいはテレビと接続しているHDMIケーブルまたは双方の機器の入出力端子系統に問題がある可能性が高い。

問題
8

次は、DLNA ガイドライン準拠のネットワーク接続設定および関連事項について述べたものである。

（ア）〜（オ）について、<u>適切なもの</u>は①、<u>不適切なもの</u>は②を選択しなさい。

（ア）　DLNA ガイドラインでは、コンテンツの再生を許可したい DMP を DMS に登録しないとコンテンツを共有できない。登録された機器かどうかは、DMP の MAC アドレスで判別しているので、家庭内に DNS サーバーを置かなくとも、DLNA 機器間は通信できる。

（イ）　無線 LAN の接続設定を行った後、無線 LAN 子機の IP アドレスを確認したところ、169.254.1.1 と表示された。このアドレスはプライベート IP アドレスと呼ばれるもので、この IP アドレスが表示されていれば、無線 LAN 親機と子機間の通信は成立していると判断してよい。

（ウ）　無線 LAN の子機同士が直接通信する Wi-Fi Direct は、無線 LAN アクセスポイントの機能を端末側に内蔵されたソフトウェアで実現する方式のため、通信する機器のどちらか一方が Wi-Fi Direct に対応していれば、相互の通信が可能である。

（エ）　一般的な IPv4 の場合、外出先からタブレットを使って宅内にある BD/HDD レコーダーのコンテンツをリモート視聴する場合、一般的に NAT トラバーサルと呼ばれる機能を使用する。このため、BD/HDD レコーダーに割り当てられたプライベート IP アドレスをそのままタブレットに入力することにより、タブレットで BD/HDD レコーダーの映像をリモート視聴することができる。

（オ）　テレビに接続されている USB HDD から BD/HDD レコーダーの内蔵 HDD へダビングするためには、テレビと BD/HDD レコーダーを必ず有線 LAN ケーブルで接続し、各々の機器に割り当てるプライベート IP アドレスを同じにする必要がある。

正解　（ア）　①　　（イ）　②　　（ウ）　①　　（エ）　②　　（オ）　②

解説 ▼

（イ）　無線 LAN の接続設定を行った後、無線 LAN 子機の IP アドレスが、169.254.1.1 と表示された場合、このアドレスは、リンクローカルアドレスと呼ばれるもので、APIPA によって設定された IP アドレスである。このため、ローカルな IP アドレスが設定されたといっても、無線 LAN 親機と子機間の通信が成立しているとは判断できない。

（エ）　一般的な IPv4 の場合、外出先からタブレットを使って宅内にある BD/HDD レコーダーのコンテンツをリモート視聴する場合は、一般的に NAT トラバーサルと呼ばれる機能を使用する。BD/HDD レコーダーに割り当てられたプライベート IP アドレスをそのままタブレットに入力しても、タブレットでリモート視聴することはできない。あらかじめタブレット端末などと BD/HDD レコーダーとのペアリング処理をしたり、専用アプリを使用することなどにより、リモート視聴できるようになる。

（オ）　テレビに接続されている USB HDD から BD/HDD レコーダーの内蔵 HDD へダビングするためには、テレビ側に DMS 機能が搭載されている必要がある。同一ネットワークに接続されていれば必ずしも有線 LAN ケーブルで接続する必要は無く、DHCP や APIPA の機能により個々の機器に割り当てるプライベート IP アドレスは、それぞれ重複しないように設定される。

問題 9

次は、オーディオ機器や関連する事柄について述べたものである。
（ア）～（オ）について、<u>適切なものは</u>①、<u>不適切なものは</u>②を選択しなさい。

（ア）　あるステレオ PCM 音源でサンプリング周波数 48kHz、符号化ビット 24bit の
とき、ビットレートは 2304kbit/s である。

（イ）　実用最大出力が 1 チャンネルあたり 30W（8Ω）、50W（4Ω）という定格内で
使用するオーディオアンプの 1 つのチャンネルに対して、同じ仕様のインピー
ダンス 8Ω のスピーカーを 2 個並列に接続する時は、許容入力を守るならば、1
個あたりのスピーカーの最大許容入力が 50W 以上の製品を選択する必要があ
る。

（ウ）　SACD プレーヤーにおいて、テスト用ディスクをセットして再生し、製品のカ
バーを外してディスクの回転状態を目視で確認した。このとき、テスト用ディス
クに記録されている最初の楽曲再生時のディスクの回転速度よりも、最後の楽曲
の回転速度の方が遅かったが、これは正常である。

（エ）　SACD プレーヤーと周波数特性が 30Hz ～ 40kHz のオーディオアンプ、およ
び周波数特性が 50Hz ～ 30kHz のスピーカーを組み合わせてオーディオシス
テムとした。これで一般的なオーディオ CD を再生した場合、楽曲の高音域は
30kHz まで再生される。

（オ）　ハイレゾ音源対応のポータブルオーディオプレーヤーを使用する顧客から、「ハ
イレゾ音源だとメモリーがすぐにいっぱいになる。CD とハイレゾ音源でどれく
らいのデータ量の違いがあるのか」との問い合わせがあった。一例として、同じ
楽曲の場合、96kHz/24bit ステレオ音源で非圧縮フォーマットのデータ量は、
一般的なステレオ CD の約 3.3 倍と返答した。

正解 （ア）①　　（イ）②　　（ウ）①　　（エ）②　　（オ）①

解説 ▼

- （ア）　48kHz × 24bit × 2ch ＝ 2304kbit/s
- （イ）　実用最大出力が1チャンネルあたり30W（8Ω）、50W（4Ω）という仕様のオーディオアンプの1つのチャンネルに対して、同じ仕様のインピーダンス8Ωのスピーカーを2個並列に接続する場合、許容入力を守るならば1個あたりのスピーカーの最大許容入力は少なくとも 25W 以上の製品 を選択すればよい。
- （エ）　SACDプレーヤーと周波数特性が30Hz～40kHzであるオーディオアンプ、および周波数特性が50Hz～30kHzのスピーカーを組み合わせてオーディオシステムとした。このとき、一般的なオーディオCDを再生した場合、楽曲の高音域はCD再生時に約20KHz（サンプリング周波数の半分以下）のLPFで高周波成分をカットされるため、基本は約20kHz の音域までしか再生されない。
- （オ）　96kHz × 24bit/（44.1kHz × 16bit）＝ 3.2653 ≒ 3.3

<table>
<tr><td>問題</td></tr>
<tr><td>10</td></tr>
</table>

次は、透過型液晶プロジェクターまたは液晶ディスプレイの不具合および
関連事項について述べたものである。

（ア）～（オ）について、適切なものは①、不適切なものは②を選択しなさ
い。

（ア）　プロジェクターにて全画面白色の画像を投影したとき、投影された画像の一部に
黄色のピントのずれた影が映った。フォーカスをずらすと異物の形状が映し出さ
れたので、黄色と補色関係の青色の出射側偏光板と入射側偏光板の間の異物混入
が原因であると判断した。

（イ）　プロジェクターで映し出された映像が全体的に青みかかった映像となっていた。
このため、まずはホワイトバランス調整で色温度を現状設定より高い色温度に調
整をした。

（ウ）　下図は、画面に「横のライン線が入る」症状の一部を拡大したものである。これ
は液晶パネルのゲートドライバーに LCD コントローラーからスタートパルスな
どの入力がなく、ゲートバスにつながっている TFT が駆動していないことが考
えられ、LCD コントローラーやパネルユニットの不具合の可能性が高いと判断
した。

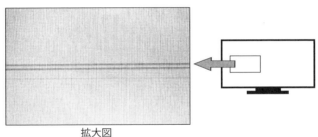

拡大図

（エ）　液晶ディスプレイに PC を接続しても「映像が出ない」という症状の場合、入力
チャンネル表示などのグラフィックスが正常に表示していれば、液晶パネルの映
像への光源となるバックライトは正常に点灯していると判断できるので、映像処
理回路などの不具合の可能性が高いと判断した。

（オ）　直下配置型 LED バックライトの液晶ディスプレイで視聴中、画面中央の映像が
暗いという不具合が発生した。白1色のテストパターンをテレビ画面に表示させ
て確認したところ、下図のような症状が再現された。画面の中央付近にぼやけた
黒い帯状の水平の横線が見えることから、階調電圧駆動回路の不具合の可能性が
高いと判断した。

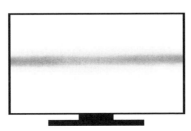

解説▼

（イ） プロジェクターで映し出された映像が全体的に青みかかった映像となっていた。このため、まずはホワイトバランス調整を調整した。色温度は高くなるほど青みがかった白色になる。そのため青みがかった映像では色温度を下げる調整が必要である。

（オ） 直下配置型 LED バックライトの液晶テレビで視聴中、画面中央の映像が暗いという不具合が発生したため、白１色のテストパターンをテレビ画面に表示させて確認したところ、下図の症状が確認できた。画面の中央付近にぼやけた黒い帯状の水平の横線が見えることから、バックライトへの電源供給や LED 制御、導光板の不具合の可能性が高いと判断した。

次は、テレビ受信機の電源回路の動作について述べたものである。
①～④のうち、適切なものを１つ選択しなさい。

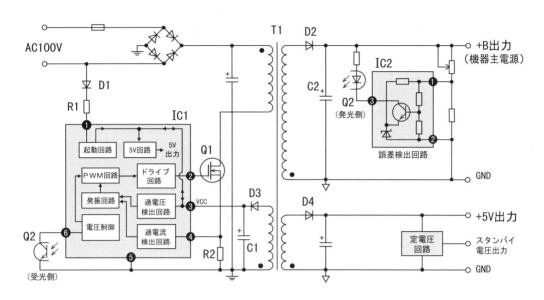

①　D2 がショートすると、T1 の二次側巻き線電圧が上昇し、IC1 の３番ピンの電圧
　が上昇するので、IC1 の過電圧検出回路が動作して発振回路が停止する。

②　T1 の１次巻き線の一部がショートすると、R2 に過電流が流れ、IC1 の４番ピン
　の電圧が上昇し、過電流検出回路が動作して発振回路が停止する。

③　C2 がオープンになると、+B 出力電圧が降下する。T1 の二次側巻き線電圧が降
　下すると、IC1 の３番ピンの電圧が降下するため、IC1 の過電圧検出回路が動作し
　て発振回路が停止する。

④　D2 がオープンになると、T1 の一次側巻き線電流が増加し、IC1 の４番ピンの電
　圧が上昇するので、IC1 の過電流検出回路が動作し発振回路が停止する。

正解 ②

解説 ▼

① D2 がショートすると、T1 の一次側巻き線電流が増加し、IC1 の４番ピン
の電圧が上昇するので、IC1 の過電流検出回路が動作し発振回路が停止する。

③ C2 がオープンになると、+B 電圧が降下するのではなく平滑されないため
変動する。誤差検出回路 IC2 からフォトカプラ Q2、IC1 の６番ピンを経る
IC1 の正規な電圧制御ができなくなり、PWM 回路が動作不安定となる。

④ D2 がオープンになると、T1 の二次側巻き線電圧が上昇し、IC1 の３番ピ
ンの電圧が上昇するので、IC1 の過電圧検出回路が動作して発振回路が停止
する。

次は、デジタルビデオカメラやデジタルスチルカメラの特性、あるいは不具合対応などについて述べたものである。

（ア）～（オ）について、<u>適切なものは①</u>、<u>不適切なものは②</u>を選択しなさい。

（ア）　デジタルスチルカメラで撮影した画像ファイルは、DCF 規格により、メディア内の第 1 階層のフォルダ名は必ず「DCIM」、第 2 階層は 3 桁のアルファベットと 5 文字の数字そして拡張子で構成され、画像ファイルが保管される。このままのファイル名では判りにくいため、一旦、PC などで分かりやすい独自のファイル名に変更し、カメラで再生するとよい。

（イ）　SDXC カードには、UHS-Ⅱや UHS-Ⅲのバスインターフェイス規格があり SD カードのデータ転送を高速化させたものである。これらのカードには、従来規格の UHS-Ⅰ SD カードと互換性があるため、従来の SD カード対応機器でも高速転送が可能である。

（ウ）　被写界深度とは、被写体にピントを合わせたときに、被写体の前後でピントが合っているように見える範囲のことを指している。一般的に、ピントが合っている範囲が狭いときは「被写界深度が浅い」、広いときは「被写界深度が深い」と呼ぶ。被写界深度を深く撮影する場合には、なるべく絞りを閉じるように絞り値（F 値）を大きくして撮影を行う。

（エ）下図は、デジタルスチルカメラで撮影したある風景の写真のヒストグラム表示したものである。向かって右端（白）から左端（黒）へ向かうに従って徐々にピクセル数が増加しており、黒に近い部分ではピクセル数が最大になっていることから、暗い部分は黒つぶれしていると判断できる。

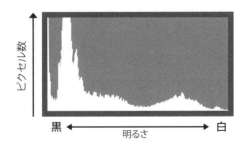

（オ）　レンズ交換が可能なデジタルミラーレス一眼カメラで、「どのレンズで撮影しても写真の左下あたりに黒い点が写り込んでしまう」と相談があった。黒い点の原因は撮像素子の汚れだと思われたので、レンズを取り外して、開口部から撮像素子を前から見て右上あたりに汚れが付着していないかを確認した。

正解 （ア）　②　　（イ）　②　　（ウ）　①　　（エ）　①　　（オ）　②

解説▼

（ア）　デジタルスチルカメラで撮影した画像ファイルは、DCF 規格にしたがって記録される。外部メモリーに記録する際には、第 1 階層には、必ず「DCIM」というフォルダが作られる。第2階層には、3桁の数字と5文字のアルファベットが作られる。第3階層には、4文字の自由文字（数字可）と4桁の数字（ファイル番号）および拡張子が書かれている。<u>フォルダ名やファイル名を変更すると、DCF との互換性が失われる</u>ために、デジタルカメラでは液晶モニターに「画像がありません」などの表示が現れ、再生できなくなる。このため、<u>PC などで分かりやすい独自のファイル名に変更してはいけない。</u>

（イ）　SD カードのデータ転送を高速化した SDXC カードには、UHS-Ⅱ や UHS-Ⅲ のバスインターフェイス規格がある。これらのカードには、従来規格の UHS-Ⅰ SD カードにある端子とは別に、<u>もう一列の専用端子が設けられているため、機器側もこの規格に対応した製品でないと高速転送を使用できない。</u>

（オ）　レンズは、被写体から届いた光を上下左右逆の形で撮像素子に像を結ぶことで正しく撮影される。カメラを後ろから見て考えると、位置が左下にあるものは、レンズを通して上下左右が入れ替わり、レンズの右上に像を結ぶ。ただし、レンズを外して撮像素子を確認するときは、後ろからではなく<u>撮像素子を前から見ることになるため、左上に汚れが付着していないか確認する必要がある。</u>

問題 **13**　次は、AV アンプを用いたホームシアターシステムの接続図について述べたものである。
①～④のうち、適切なものを１つ選択しなさい。

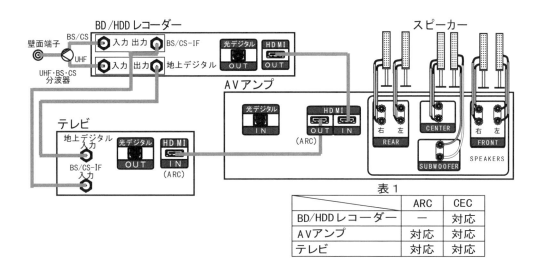

	ARC	CEC
BD/HDDレコーダー	―	対応
AVアンプ	対応	対応
テレビ	対応	対応

表 1

① ホームシアターを構築するとき、360 度方向に同じレベルのリアルな音場を再現するためには、上図のように AV アンプに接続されるスピーカーは、すべて同じスペックのものであることが望ましい。

② テレビで受信した地上デジタル放送の音声が AV アンプのスピーカーから出力されなくなった。テレビの光デジタル出力を AV アンプの光デジタル入力に接続すると音声は正常に出力された。このため、テレビ側の CEC 設定が OFF になっていないかを確認した。

③ BD/HDD レコーダーで市販のブルーレイディスクを再生したところ、映像は正常に出るが AV アンプから音声は出力されなかった。BD/HDD レコーダーの映像や音声信号は AV アンプに HDMI 経由で入力され、テレビ側で映像が正常に出力されているため、まずは AV アンプの設定関係や出力関係を確認した。

④ BD/HDD レコーダーで HDD に録画した番組を視聴中に、AV アンプの電源をOFF にしたところ、テレビでの映像や音声の視聴ができなくなった。この状態で音声をテレビ側で出力するため、テレビ側の ARC の設定を変更した。

情報家電応用技術　AV問題&解説

85

正解 ③

解説 ▼

①　ホームシアターを構築するとき、360度方向に同じレベルのリアルな音場を再現するためには、AVアンプに接続されるスピーカーは、<u>サブウーファー以外</u>はすべて同じスペックのものであることが望ましい。<u>サブウーファーは、重低音を再生するため、通常スピーカーよりも低音域の再生能力が高いものが必要となる。</u>

②　テレビで受信した地上デジタル放送の音声がAVアンプのスピーカーから出力されなくなった。テレビの光デジタル出力をAVアンプの光デジテタ入力に接続すると音声は正常に出力された。このため、まずは<u>AVアンプのARC機能の設定の確認やHDMIケーブルに問題がないか確認するべきである。CECは、機器間の制御を行う機能であるため、音声出力には関係がない。</u>

④　BD/HDDレコーダーでHDDに録画した番組を視聴中に、AVアンプの電源をOFFにしたところ、テレビの映像や音声の視聴ができなくなった。これは、OFFにしたことにより、HDMI IN端子から入力された映像および音声がHDMI OUT端子に出力されなくなったためである。この状態を回避するには、BD/HDDレコーダーのHDMI出力を<u>直接テレビに接続するか、AVアンプにHDMIパススルー機能があれば、その機能を設定すればよい。</u>テレビ側のARC設定は関係がない。

問題
14

次は、ネットワークおよび電話回線の関連事項あるいはそれらの不具合対応などについて述べたものである。
（ア）～（オ）について、適切なものは①、不適切なものは②を選択しなさい。

（ア） IPv4 において、ホストである IP 通信機器の IP アドレスが 192.168.10.20、サブネットマスクが 255.255.255.224 の場合、その IP 通信機器が所属するネットワークで識別できるホスト数は、最大 62 台である。

（イ） デジタルコードレス電話機で破損した外装部品（技適マーク貼付部品）の交換要望の修理依頼があった。デジタルコードレス電話機は電波法および電気通信事業法で管理されており、修理完了後に再度、技術基準適合証明を申請し、新しい技適マークのシールを貼り直す必要があるため、修理時間に余裕を見ておく必要がある。

（ウ） IP 通信機器からあるホームページにアクセスしようとしても、ホームページの内容が確認できなかった。IP 通信機器から IP パケットが届いているかを確認する ping コマンドを該当ホームページの URL に送信し、正常に返信が返ってきた場合は、一般的に名前解決はできていると考えてよい。

（エ） 総務省と経済産業省が公表した IoT セキュリティガイドライン ver1.0 は、情報サービスを受ける利用者側について、製品本体のセキュリティ機能が脆弱であっても、ある程度のセキュリティ性能を確保できるようにするための基本的な取り組みをまとめたものである。

（オ） 顧客の要望により、宅内に複数台のネットワークカメラを設置したとき、電子レンジなどとの電波干渉を避けるため DECT 準拠方式で映像信号を伝送するカメラを選定した。このため、DECT 準拠方式スマートフォンを使用すれば、外出中もネットワークカメラの映像が見ることができるとアドバイスした。

正解　　（ア）　②　　　（イ）　②　　　（ウ）　①　　　（エ）　②　　　（オ）　②

解説 ▼

（ア）　IPv4において、ホストであるIP通信機器のIPアドレスが192.168.10.20、サブネットマスクが 255.255.255.224 の場合、その IP 通信機器が所属するネットワークで識別できるホスト数は、最大 30 台である。

（イ）　デジタルコードレス電話機で破損した外装部品（技適マーク貼付部品）の交換要望の修理依頼があった。デジタルコードレス電話機は電波法および電気通信事業法で管理されているが、機種品番として技適マークを受けているため、該当部品の交換のみで対処可能である。

（エ）　総務省と経済産業省が公表した IoT セキュリティガイドライン ver1.0 は、製品の企画・設計段階からセキュリティを確保する方策であるセキュリティ・バイ・デザインを基本原則として、IoT 機器やシステム、サービスに携わるすべての関係者に対してセキュリティ確保などの観点から、求められる基本的な取り組みをまとめたものである。

（オ）　お客様のご要望により、宅内に複数台のネットワークカメラを設置した。これらは、DECT 準拠方式で映像信号を伝送するカメラを選定した。この場合、外部よりスマホなどで映像確認できるようにするためには、Wi-Fi ルーターなどの関連機器が必要であり、DECT 準拠方式だけではネットワーク環境を構成できない。また、DECT 準拠方式のスマートフォンも存在しない。

問題 15

次は、BD/HDD レコーダーの故障診断および AV システム機器の関連事項について述べたものである。
（ア）～（オ）について、<u>適切なものは①</u>、<u>不適切なものは②</u>を選択しなさい。

（ア）　BD/HDD レコーダーの内蔵 HDD から USB HDD にダビングした番組を再生したところ、視聴途中で停止したり、コマ送りのような症状が発生した。内蔵 HDD に記録されたダビング元の番組の再生は正常であったことから、映像、音声信号を処理するデジタル基板は正常であり、USB HDD ドライブの不具合、あるいは USB ケーブルの不具合の可能性があると判断した。

（イ）　BD/HDD レコーダーにおいて、DVD ソフトは再生できるが BD ソフトが再生できなくなった。内蔵 HDD への放送番組の記録、再生は正常に動作した。ピックアップのレンズクリーニングも効果がなかった。このため、波長 650nm 側のレーザーピックアップを交換した。

（ウ）　ファイナライズされた、BD-R に記録されたコンテンツおよび DVD-R に記録されたコンテンツが、再生はできるが HDD へのムーブバックはできなかった。このため、BD/DVD ドライブの消去ヘッドまたは HDD の書き込みヘッドに異常があると判断した。

（エ）　内蔵 HDD に長時間モードで録画された映像コンテンツを BD-R ディスクへダビングしようとしたところ、ダビング途中で停止した。コピー可能回数は減っていなかったため、同映像コンテンツを他の BD-R ディスクへダビングしたところ、正常にダビングできた。以上のことから、まずはデジタル信号処理回路の不良が疑われる。

（オ）　PC などの HDMI 出力は、HDMI を DVI に変換するアダプターを使用して、DVI 対応機器（モニターやプロジェクター）に接続できる。ただし、DVI 対応機器のセキュリティ保護のため WEP パスワードの入力が求められることがある。

正解 （ア）　①　　（イ）　②　　（ウ）　②　　（エ）　②　　（オ）　②

解説▼

（イ）　BD/HDD レコーダーにおいて、DVD ソフトは再生できるが BD ソフト が再生できなくなった。内蔵 HDD への放送番組の記録、再生は正常に動作 した。ピックアップのレンズクリーニングも効果がなかった。このため、<u>波 長 405nm の BD 側のレーザーピックアップが不具合と判断</u>し、レーザー ピックアップユニットを交換した。一般的に <u>BD と DVD のレーザーピッ クアップは一体のユニット</u>となっており、個別に交換できない。

（ウ）　ファイナライズされた BD-R および DVD-R はともに仕様として HDD にムーブバックできない。このため、本内容は故障ではなく、<u>正常動作であ る</u>。このため、BD/DVD ドライブや HDD を不具合とすることは誤りであ る。また、BD/DVD ドライブには消去ヘッドではなくレーザーピックアッ プがあり、ファイナライズされていなければデータ上書で消去が可能であ る。また、HDD には書き込みヘッドという専用ヘッドはなく、磁気ヘッド で書き込み、消去を行っている。

（エ）　内蔵 HDD に長時間モードで録画された映像コンテンツを BD-R ディス クへダビングしようとしたところ、ダビング途中で停止した。コピー可能回 数は減っていなかったため、同映像コンテンツを他の BD-R ディスクへダ ビングしたところ、正常に動作したので、まずは<u>最初にダビングしようとし た BD-R ディスクの不良が疑われる</u>。

（オ）　HDMI を DVI に変換するアダプターを使用して DVI 対応機器（モニ ターやプロジェクター）と HDMI 対応機器を接続できる。<u>ただし、DVI 対 応機器が著作権保護技術（HDCP）に対応していない場合、認証ができず 正常に信号を伝送できない場合がある。</u>WEP は無線 LAN のセキュリティ 規格である。

生活家電
問題

基礎技術
応用技術

生活家電の問題&解説は122〜174ページに掲載

生活家電の解答一覧は177ページに掲載

問題
基礎技術

問題
1

次は、生活家電の製品安全について述べたものである。
組み合わせ①〜④のうち、誤っているものの組み合わせを1つ選択しなさい。

（ア）　ヘアドライヤーの電源プラグをコンセントから抜いたあとで、電源コードを本体に巻き付けると、本体とコードの付け根部分の芯線にストレスがかかり、半断線の原因になり、ショートによる火災や感電事故につながる場合がある。

（イ）　食用油や美容オイルなどの油分が付着した衣類やタオルなどを洗濯乾燥機で乾燥させると、乾燥運転後の余熱などにより洗濯では完全に洗浄しきれなかった油分が、発煙・発火することがある。このような事態を避けるため、油分が付着した衣類やタオルなどを洗濯乾燥機で乾燥させる場合には、他の洗濯物と分け、短い時間の乾燥運転で行う必要がある。

（ウ）　電子レンジで調理中、過加熱などにより、食材が発火することがある。このような場合、各メーカーでは、まず扉を閉めたまま「スイッチを切る」、「電源プラグを抜く」などして電源を遮断し、庫内の様子を見て、火が消えなければ、扉を閉めたまま、消火器具を準備するよう、取扱説明書で注意喚起している。

（エ）　ホコリなどの異物が電源プラグとコンセントの隙間に堆積し、そこに湿気が加わることで、電源プラグの刃と刃の間に放電が起きる。この放電によって、微弱な電流が流れる経路ができて絶縁物の炭化現象が始まり、絶縁物が抵抗に変わり、ジュール熱が大きくなって、発煙・発火の原因になる。この現象をトラッキング現象という。

（オ）　抵抗加熱による発熱量は、ジュールの法則によって求められるが、電源プラグ内の接合部分が緩むことで接触抵抗が $0.1\,\mathrm{m}\Omega$ から $0.1\,\Omega$ に増大すると、電源プラグ内の発熱量は100倍に上昇し、発煙や発火などの事故につながるおそれがある。

【組み合わせ】
　①　（ア）と（オ）
　②　（イ）と（オ）
　③　（ウ）と（エ）
　④　（エ）と（イ）

問題 2

次は、生活家電の基礎について述べたものである。
（ア）〜（オ）について、正しいものは①、誤っているものは②を選択しなさい。

（ア）　一般的なテスターは、交流レンジでは、正弦波交流を測定した場合に正しい電圧値を示すように作られている。このため、簡易インバーター電源の出力など、正弦波以外の交流電圧については正しく測定できない。

（イ）　絶縁抵抗は製品内部の温度が高いほど低下する傾向があるため、通常、絶縁抵抗の最終的な確認は、製品の動作停止から 15 分ほど経過後、製品内部の温度が低くなった状態で測定して行う。一般的に絶縁抵抗値が 1MΩ 未満の場合は点検する必要があると考えられる。

（ウ）　IGBT は、MOSFET の高速スイッチング特性とバイポーラトランジスタの低 ON 電圧特性の長所を組み合わせて作られたスイッチング素子である。

（エ）　デジタルテスターは、アナログテスターに比べて内部抵抗が小さく、テスターに流れ込む電流が少ない。そのため、デジタルテスターは、測定する回路に影響を与えにくく、アナログテスターより正しく電圧を測定することができる。

（オ）　下記は交流モーターの回転速度（r/min）を表す公式である。
　　　f：電源周波数（Hz）　P：モーターの極数　　S：すべり　とする。

$$交流モーターの回転速度 = \frac{120\,f}{P}\,(1-S)$$

問題 3

次は、家庭用除湿機について述べたものである。
組み合わせ①～④のうち、**誤っているものの組み合わせ**を１つ選択しなさい。

（ア）　部屋の必要除湿水量の算定の基礎となる単位床面積当たり除湿負荷（L／m² : 一日１m² 当たりに必要な除湿量）は、木造一戸建て住宅よりもコンクリート造りの集合住宅の方が小さい。

（イ）　デシカント式除湿機に使用されているゼオライトは、金属酸化触媒のようにニオイの元となる成分を吸着させ、酸化作用で無臭の分子などに分解する機能を有している。

（ウ）　コンプレッサー式除湿機では、湿った空気を蒸発器（エバポレーター）で冷やし結露させ除湿する。蒸発器で冷やされた空気を凝縮器（コンデンサー）で暖め、吹き出し口から排出するため、連続運転した場合、条件にもよるが室温が約 1℃ ～ 2℃高くなる場合がある。

（エ）　室温 15℃の条件下で除湿能力を比較した場合、デシカント式除湿機よりコンプレッサー式除湿機のほうが優れている。一方で、同じ除湿能力での消費電力量はコンプレッサー式のほうが大きくなる。

（オ）　デシカント式除湿機は、給排気ファンで吸い込まれた湿った空気の水分をゼオライトに吸着させることで除湿する方式である。水分を吸着したゼオライトはヒーターで加熱されて水分を放出する。放出された高温高湿の空気は熱交換器に送られ、室内の空気と熱交換して（冷やされて）結露する。結露した水分はタンクへ落下する。

【組み合わせ】
① （ア）と（ウ）
② （イ）と（オ）
③ （ウ）と（エ）
④ （エ）と（イ）

問題 4

次は、オーブン機能付き電子レンジ（過熱水蒸気加熱の機能を含む）について述べたものである。
組み合わせ①〜④のうち、<u>誤っているものの組み合わせ</u>を１つ選択しなさい。

（ア）　通常のオーブン機能による加熱では、対流ヒーターにより加熱された高温の空気が食品に接触して加熱する。過熱水蒸気による加熱は、過熱水蒸気が食品の表面で凝縮する際に生じる凝縮伝熱のみで加熱する。

（イ）　インバーターを採用していないヘルツフリーの電子レンジにおいて、50Hz 地区では、60Hz 地区に比べるとマグネトロンに印加する電力が小さくなる。そのため、リレー駆動回路からの信号により周波数切換えリレーを閉じ、高圧コンデンサーの容量を大きくすることで、60Hz 地区とほぼ同じ電力に調整している。

（ウ）　マグネトロンより発振されたマイクロ波は波長約 12cm の波の性質を持っているため、加熱室内には、電界の強いところと弱いところの定在波が存在し、これが原因となって、食品の加熱むらが生じる。この加熱むらを低減するために、マイクロ波を撹拌（かくはん）するスタラーファンや回転アンテナを用いた方式や食品を回転させるターンテーブル方式のものがある。

（エ）　圧電素子式重量センサーは、食品がターンテーブルに載ると動作する可動電極部分と、可動電極上部にある平板固定電極部分との間隔の変化をマイコンが重さの変化として読み取っている。

（オ）　電子レンジのマイクロ波周波数は、電波法施行規則で 2450MHz ± 50MHz とされている。この周波数帯はラジオ、2.4GHz 帯の無線 LAN などの機器に影響を与える可能性がある。設置する際は、これらの通信機器から離して設置する必要がある。

【組み合わせ】
①　（ア）と（エ）
②　（イ）と（ウ）
③　（ウ）と（ア）
④　（エ）と（オ）

問題 5

次は、家庭用空気清浄機について述べたものである。
①～④のうち、誤っているものを1つ選択しなさい。

① 空気清浄機で使用される脱臭方法として次のものがある。
- 活性炭を用いたフィルターを使用し、特定の物質を吸着除去する。
- 光触媒に紫外線を当てOHラジカルなどを発生させニオイ成分を酸化分解する。
- プラズマ放電によりラジカル（遊離基）を発生させてニオイ成分を分解する。

② JISでは、HEPAフィルターは、定格流量で粒径が0.15μmの粒子に対して99.9995%以上の粒子の捕集率を持ち、かつ初期圧力損失が245Pa以下の性能を持つエアフィルターと規定されている。

③ 一般社団法人日本電機工業会が定める性能測定基準では、集じん性能は、たばこの煙を用いて、20 m³～32 m³の集じん能力測定室で測定する。たばこの煙は、平均0.3μmと非常に小さく集じんが難しいが、集じん性能試験を行ったとき、初期の集じん効率が70%以上でなければならない。

④ ホコリセンサーは、たばこや線香の煙、花粉やダニなどのハウスダストを検知する。また、ニオイセンサーはたばこや線香などのニオイ、化粧品やアルコールなどを検知する。しかし双方とも細菌やウイルスは検知できない。

問題6 次は、家庭用掃除機について述べたものである。
（ア）～（オ）について、<u>正しいものは①、誤っているものは②</u>を選択しなさい。

（ア）掃除機のモーターは、チリやホコリなどにより集じん部が目詰まり状態となったり、大きなゴミなどによって吸込口がふさがれたりすると、負荷となる空気を吸引できず、ファンの空気抵抗が減り、負荷が軽くなった分、回転速度が上昇する。

（イ）モーターの整流子とカーボンブラシの接触によって発生する異常なスパークを検知した場合、安全を確保するためにマイコンが働いて運転を停止（ロック）する。こうしたとき多くの場合、専門の修理者が各メーカー独自のリセット方法に従って、ロック状態を解除したうえで、故障診断を実施する必要がある。

（ウ）キャニスター式掃除機に用いられている交流直巻整流子モーターの羽根には、動翼（ディフューザー）と静翼（ファン）があり、動翼には風量と風圧の大きいシロッコファンが用いられている。シロッコファンが回転すると、ファン中心部の空気は遠心力で外周方向に流れて静翼に達する。静翼に達した空気は案内羽根によって集められ、モーターとコードリールを冷却しながら排気口から排出される。

（エ）ターボブラシ（タービンブラシ）は吸い込む空気の流れ（風）を利用し、タービンで回転ブレードを回転させてじゅうたんの糸くずや綿ゴミなどをかき出して吸い込む方式の床ブラシである。

（オ）掃除機のモーターに使用されている交流直巻整流子モーターは、トルクが大きく、高い回転速度が得られるとともに、モーターに印加する電源周波数を変えることにより、回転速度を細かく制御できるという特徴がある。

問題 7

次は、冷媒およびそれに関連する事項について述べたものである。
組み合わせ①〜④のうち、<u>誤っているものの組み合わせ</u>を1つ選択しなさい。

（ア）　R410A冷媒を使用するルームエアコンからR32冷媒の機種に置き替える場合、ポンプダウンができない場合を除き、基本的にR410A機種の既設配管をそのまま使用できる。R32冷媒はR410A冷媒の凝縮圧力とほぼ同じであり、R410A冷媒もR32冷媒も肉厚0.8mm以上の銅管を使用する必要がある。

（イ）　ルームエアコンのR32冷媒は、凝縮圧力がR22冷媒よりも高く、耐圧強度を上げるため、冷媒配管のフレア加工寸法を大きくしなければならない。加工寸法の変更に伴い、フレアナットの寸法も一部変更となっている。また、既設のフレアを再利用することはガス漏れのリスクがあり再加工が必要となる。

（ウ）　ルームエアコンのR410A冷媒は、R32とR125を比率50wt%/50wt%で混合させた混合冷媒である。ガス漏れなどで冷媒を追加充塡する場合、組成が安定しているガス相で行うことで冷凍サイクル内の冷媒組成に影響を与えることはない。

（エ）　ノンフロン冷蔵庫のR600a冷媒は可燃性ガス、ルームエアコンのR32冷媒は微燃性ガスとされており、いずれも取り扱いには注意が必要である。R32冷媒の燃焼範囲（濃度）は13.8vol.%〜29.3vol.%であるが、R600a冷媒は1.8vol.%〜8.4vol.%と燃焼下限値が小さく、より燃焼・爆発のリスクが高い。

（オ）　エコキュートのCO2冷媒（R744）は、オゾン破壊係数・地球温暖化係数ともにゼロであり、フルオロカーボン冷媒や炭化水素系冷媒に比べ地球環境に優しい。

【組み合わせ】
①　（ア）と（オ）
②　（イ）と（ウ）
③　（ウ）と（オ）
④　（エ）と（ア）

問題 8 次は、ルームエアコンの冷凍サイクルについて述べたものである。
①〜④のうち、四方弁の状態と冷媒の状態につき<u>正しいもの</u>を1つ選択しなさい。

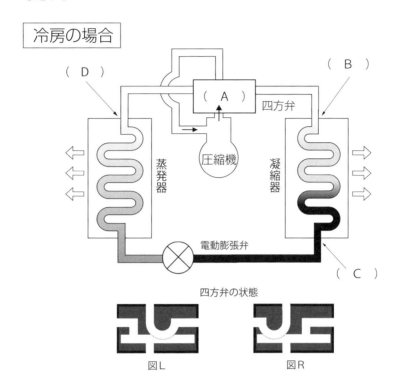

① （A）図L、（B）低圧 低温 気体、（C）高圧 低温 液体、（D）高圧 高温 液体

② （A）図L、（B）低圧 低温 気体、（C）高圧 常温 液体、（D）高圧 高温 気体

③ （A）図R、（B）高圧 高温 液体、（C）高圧 低温 液体、（D）低圧 低温 気体

④ （A）図R、（B）高圧 高温 気体、（C）高圧 常温 液体、（D）低圧 低温 気体

問題 9

次は、エコキュートについて述べたものである。
（ア）～（オ）について、正しいものは①、誤っているものは②を選択しなさい。

（ア）　ヒートポンプユニットが沸き上げ運転を行うと、膨張したタンク内の水が逃し弁のダイヤフラムを押し上げ、弁座とディスクの間に生じた隙間から流れ出る。このメカニズムにより、逃し弁はタンク内の設定圧力を維持している。

（イ）　ヒートポンプユニットにある水加熱用熱交換器は、「高温・高圧の CO2 冷媒」と「循環ポンプから送られる水」を同じ方向に流すことで、高効率な熱交換を実現する。

（ウ）　追いだきができるフルオートタイプでは、炭酸ガスや硫黄・酸・アルカリを含んだ入浴剤や洗剤は、本体の故障や配管の腐食の原因となるため使用しない。

（エ）　ヒートポンプユニットで約 90℃に温められた水は、貯湯タンクの上部にたまる。貯湯タンク内では、上部の湯と下部の水の温度差が約 20℃を超えると、比重差により湯水混合層が形成され、湯と水はこの混合層を境に分離される。貯湯タンクの中は、湯量が減っても水道水が入り、常に満タン状態を維持する仕組みになっている。

（オ）　アキュムレーターは、空気熱交換器とコンプレッサーの間に設置されている。空気熱交換器で蒸発しきれない液冷媒がコンプレッサーに流入すると、破損するおそれがあるため、超臨界（気体・液混合）状態の冷媒の中から気体冷媒のみをコンプレッサーに送る構造になっている。

問題 10　次は、家庭用冷凍冷蔵庫について述べたものである。
（ア）〜（オ）について、正しいものは①、誤っているものは②を選択しなさい。

（ア）　NTC サーミスターは温度が高いと抵抗値が小さくなり、低いと抵抗値が大きくなる特性があることから、家庭用冷凍冷蔵庫をはじめ各種機器の温度制御に活用されている。

（イ）　冷蔵庫のファンモーターは、それ自身の消費電力に加え、モーターコイル部の発熱が熱負荷として消費電力量に大きな影響を与える。このため、省エネ技術の取り組みとして、交流モーターからブラシレス直流モーターに替え、熱負荷の低減を図っている。

（ウ）　霜取りの制御は、冷蔵庫への通電時間に基づき行われる。積算した通電時間が設定値に達するたびに霜取りヒーターに通電され、霜取りが実行される。また一部の機種では、扉の開閉頻度を記憶し、扉の開閉頻度の少ない時間帯を選んで1日1回、確実に霜取りを行っている。

（エ）　ノンフロン冷凍冷蔵庫として販売されている製品の多くは、冷媒に R600a（シクロペンタン）を、断熱材発泡剤（断熱発泡ガス）にはイソブタンを採用し、完全なノンフロン化を実現している。

（オ）　キャピラリーチューブの出口は、冷媒が低温になっているため、冷媒の中に水分があると水分が凍結して出口をふさぎ、冷媒が循環しなくなることがある。この冷媒中の水分を取り除くために、凝縮器（コンデンサー）とキャピラリーチューブの間に乾燥器（ドライヤー）が設けられている。

次は、IH ジャー炊飯器について述べたものである。
　(ア)　～　(オ)　に当てはまる最も適切なものを語群①～⑩から選択しなさい。

- 圧力式 IH ジャー炊飯器は、内釜内部の気圧を高くし、米がアルファ化する最適温度まで水の沸点を上げている。内釜内部の気圧は、調圧用　(ア)　を動かし、調圧ボールを移動させ、空気を抜くことで調整している。

- IH ジャー炊飯器の加熱原理は、　(イ)　に高周波の電流を流すと磁力線が発生し、この磁力線が内釜の底を通るとき、うず電流が発生する。このうず電流と内釜の表皮抵抗によってジュール熱が生じ、内釜自体が発熱するものである。

- 保護装置としての電流検出回路の働きは次のとおりである。出力部に入力される電流を電流検出コイルで検出し、入力電力を一定に保つよう出力部を制御するとともに、過電流が検出された場合には、動作を停止する。また、内釜の有無も　(ウ)　に流れる電流で検出する。

- 保温ヒーターは、均一に保温するために、本体内部の側面とふたに取り付けられている。一般的に　(エ)　が用いられている。底面の保温には、炊飯時と同じコイルが用いられる。また、保温ヒーターを搭載せず、全面 IH で保温する製品もある。

- JIS において保温試験は、最大炊飯容量を炊飯し、完了後 15 分間の蒸らしを行い、ご飯を　(オ)　、定格電圧で 12 時間の保温を行う。この間、米飯各測定箇所の温度が下限 67℃～上限 78℃であり、著しい焦げの進行、異臭および著しい変色（褐変）があってはならないと規定されている。

【語群】
① ソレノイド　　　　　② かき混ぜたあと
③ チョークコイル　　　④ IGBT
⑤ シーズヒーター　　　⑥ トライアック
⑦ 加熱コイル　　　　　⑧ ベローズ
⑨ コードヒーター　　　⑩ かき混ぜないまま

問題 12　次は、全自動洗濯機および洗濯乾燥機について述べたものである。
組み合わせ①～④のうち、<u>誤っているものの組み合わせ</u>を１つ選択しなさい。

（ア）　脱水運転時、衣類の片寄りなどによる洗濯・脱水槽のアンバランスを検知すると、安全スイッチが運転の途中でモーターを停止させる。その後、洗濯物の片寄りを均一になるように補正するため、給水してかくはん動作を行い、排水して脱水動作を再開する。

（イ）　電子式の水位センサーは、以下のメカニズムにより水位を検知する。
　　　　• 洗濯、脱水槽内に水が入るとエアホース内の空気が押され、空気圧力が変化する。
　　　　• 給水弁と直結したプランジャーがコイルの中を上下に動いてリアクタンスが変化する。
　　　　• 基板内の発振回路の発振周波数が変動する。これにより水位を検知する。

（ウ）　ドラム式洗濯乾燥機の脱水運転の始動時は洗濯物のバランスが取れておらず、洗濯・脱水槽が大きく揺れようとし、モーターへの負荷の変動が大きくなる。水槽を支え振動を低減させるサスペンションは、脱水運転の始動時の大きな揺れを抑えるために硬く変化し、モーター負荷変動を少なくする。

（エ）　縦型洗濯機では、洗濯物を洗濯・脱水槽に入れ、パルセーターを回転させたあと、すぐにモーターの通電を OFF にし、パルセーターが惰性でどれだけ回転するかを検知することにより、洗濯物の量を測定している。また、そのパルセーターの回転を検知して、水槽に注水する水量の設定にも活用している。

（オ）　ヒーター式の洗濯乾燥機に使用されているラジエントヒーターは、フィルターなどが目詰まりしたり、送風ファンの回転数が低下したりして、ヒーター自体が一定の温度以上になると急激に抵抗値が上昇し、電流値が抑えられることで、発熱量を抑制する機能も有している。

【組み合わせ】
　①　（ア）と（イ）
　②　（イ）と（オ）
　③　（ウ）と（エ）
　④　（エ）と（オ）

問題
基礎技術

問題 13

次は、室内の換気および換気扇について述べたものである。
①～④のうち、誤っているものを１つ選択しなさい。

① 住宅等の居室の場合、換気回数 0.5 回 /h 以上の機械換気設備の設置が必要である。住宅等の居室以外の居室の場合は、換気回数 0.3 回 /h 以上の機械換気設備の設置が必要である。

② 換気には３種類の換気方式があるが、第１種換気方式は給気を機械換気で強制的に行い、排気はその力を利用する自然排気方式である。

③ 換気扇やレンジフードファンと、熱源となるガスコンロや IH クッキングヒーターなどの調理機器の離隔距離は、火災予防条例で定められている。基本的にレンジフードファンの離隔距離について、グリス除去装置の下端が調理機器の上方 80cm 以上と定めているが、自治体によって異なる規制を受ける場合があるため、所轄の消防署などに確認するとよい。

④ 全熱交換器は室内の汚れた空気を換気する際に、排気する空気と給気する空気の間で「温度」と「湿度」を交換することで、新鮮な外気を室内の空気に近づけて取り入れる空調換気扇であり、全熱交換器の熱交換率は 70% 程度である。

問題 14

次は、太陽光発電システムについて述べたものである。
組み合わせ①～④のうち、<u>誤っているものの組み合わせ</u>を1つ選択しなさい。

（ア）接続箱は、複数の太陽電池モジュールからの交流電力を一つにまとめている機器である。内部にはブレーカー（交流開閉器）、逆流防止素子、サージアブソーバーなどが内蔵されている。また、太陽光モジュール枚数の異なった系統でシステムを組み合わせたときに使用する昇圧回路を持つものもある。

（イ）一般的に太陽電池モジュールの設置は、屋根の南側が最も効率的である。北側の設置は、南側に比べ発電量が低下するとともに、反射光による近隣とのトラブルの原因となることがあり、好ましくない。

（ウ）太陽電池の公称最大出力は、JIS において基準状態（モジュール温度 25℃、分光分布 AM1.5、放射照度 1000W/ m^2）での測定値である。実際の発電電力は、モジュールの温度上昇や汚れによる損、配線やパワーコンディショナでの損失により、最大でも太陽電池の公称最大出力の合計値の 70％ ～ 80％ 程度となる。

（エ）太陽電池モジュールの一部が日陰になると、その部分のセルの発電量が低下する。するとそのセルが抵抗として働き、全体の発電量が低下するとともに発熱する。そのため、バイパスダイオードを当該太陽電池モジュールの発電電圧に対して逆バイアスになるように並列に接続し、抵抗となるセルを迂回して電気を流れやすくしている。

（オ）結晶系太陽電池モジュールは、素子温度が上昇するほど変換効率が低下するという負の温度特性を持ち、1℃上昇すると 0.3％ ～ 0.5％程度出力が低下する。ただ、その特性を踏まえても、年間で発電量が一番多いのは、太陽の日射が強い8月である。

【組み合わせ】
① （ア）と（オ）
② （イ）と（ア）
③ （ウ）と（エ）
④ （エ）と（オ）

問題
基礎技術

問題 15

次は、生活家電に関連する法規について述べたものである。
（ア）〜（オ）について、<u>正しいものは①</u>、<u>誤っているものは②</u>を選択しなさい。

（ア）　家電リサイクル法（特定家庭用機器再商品化法）は、家電製品の資源循環を目的に新たなリサイクル社会の構築を目指し施行されたもので、対象はエアコン、テレビ、電気冷蔵庫（及び電気冷凍庫）、電気洗濯機（及び衣類乾燥機）、マッサージチェアの大型家電5品目である。

（イ）　統一省エネルギーラベルは、経済産業省資源エネルギー庁が、省エネ性能の向上を促すために、その製品がトップランナー基準の目標基準値をどの程度達成しているかを相対的に多段階評価等にて表示するもので、例えば電気冷蔵庫の場合、省エネ基準達成率が57%未満の商品には、表示できない。

（ウ）　長期使用製品安全表示制度の対象製品は、傾向的に経年劣化による事故が多い扇風機、ルームエアコン、換気扇、洗濯機（洗濯乾燥機は除く）、ブラウン管式テレビの5品目であり、製品本体に経年劣化に係る注意喚起を表示しなければならない。

（エ）　アースターミナルに接地線（アース線）をねじ止めする作業は、政令で定める「軽微な工事」であり、電気工事士の資格のない作業員が実施しても構わない作業である。

（オ）　消費生活用製品安全法における製品事故報告について、製品の製造事業者または輸入事業者は、重大製品事故が生じたことを知った日から起算した14日以内に、定められた様式での報告書を、経済産業大臣へ提出しなければならない。

問題 応用技術

生活家電

問題 1

次は、家庭用掃除機の故障診断について述べたものである。
（ア）～（オ）について、<u>正しいもの</u>は①、<u>誤っているもの</u>は②を選択しなさい。

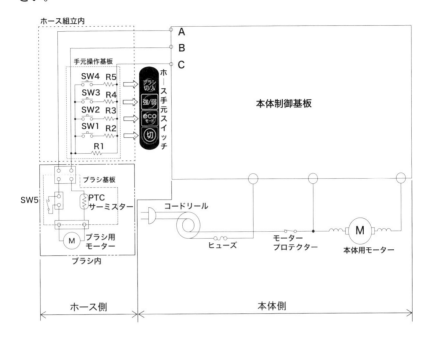

（ア）　eco モードスイッチを入れても本体用モーターが回転しない。原因がホース側なのか、本体側なのかを判断するため、ホース組立のB-C間の抵抗値を測定した結果、eco モードスイッチ SW2 を押した状態で 3kΩ、押さない状態で 20kΩ と変化があったことから、本体側の不良と特定した。

（イ）　床ブラシ（パワーブラシ）を持ち上げたり、裏返したりしても、回転ブレードが回り続けていた。ブラシの検出ローラーに異常はないため、安全スイッチ SW5 の不良と特定した。

（ウ）　運転開始後しばらくすると、本体が熱くなりモータープロテクターが働き停止した。フィルターやホースにゴミなどの詰まりがないことを確認して、再度、運転したところ、前回と同様に本体が熱くなり停止した。モータープロテクターの不良と特定した。

（エ）　手元スイッチのいずれの操作も受け付けないため、ホース組立のB-C間の抵抗値を測定すると、切スイッチ SW1 を押した状態で 20kΩ、押さない状態でも 20kΩ であったことから、ホース組立の切スイッチ SW1 または抵抗 R2 の不良と特定した。

（オ）　床ブラシ（パワーブラシ）の回転ブレードが回転しないため、ホース組立端子間の電圧を測定したところ、電圧は正常だった。ブラシ用モーターの不良と特定した。

生活家電

問題
応用技術

問題 2

次は、空気清浄機の故障診断について述べたものである。
①～④のうち、誤っているものを1つ選択しなさい。

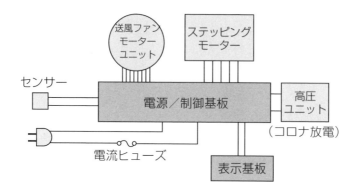

① 電源スイッチを入れたところ、電源が入らない。送風ファンモーターを点検したところ容易に手で回せないほど重かった。電流ヒューズは溶断していなかったので、電源／制御基板とファンモーターを交換した。

② 目に見えるほどホコリの多い部屋であるにもかかわらず、コロナ放電タイプの集じん部にホコリがほとんど付着しない。高圧ユニット（コロナ放電）の一次側の電圧に異常がなかったため、高圧ユニットを交換し動作を確認した。

③ 自動運転、手動運転ともに運転中であることを示す表示ランプは点灯するが、吹出口から風が出ない。ホコリセンサーの検査穴からエアーブローでホコリを取り除いて運転状態を確認した。

④ 連続運転の状態で、吹出口から風は出ているが、これまで脱臭できていた部屋のニオイを脱臭できなくなった。原因のひとつとしてフィルターの汚れが考えられる。

問題 3

次は、ＩＨクッキングヒーターの故障診断について述べたものである。（ア）～（オ）について、**正しいもの**は①、**誤っているもの**は②を選択しなさい。

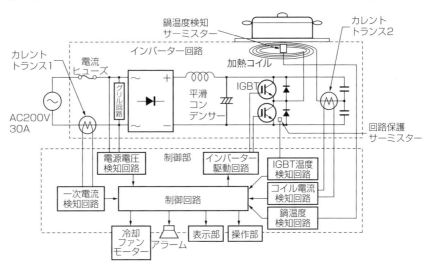

（ア）　調理を開始したところ、数分で本体内部の異常高温エラーが表示され加熱が停止した。給気口や排気口にはホコリなどの詰まりはなく、冷却ファンモーターの回転もスムーズであった。鍋温度検知サーミスターまたは鍋温度検知回路の不良が原因と考えられる。

（イ）　インバーター回路の異常を示すエラーが表示され、加熱運転が停止した。これは平滑コンデンサーの容量が抜けたことにより IGBT に加わる電圧が変動し、カレントトランス１に流れる電流の変動を一次電流検知回路が検出したことが原因と考えられる。

（ウ）　電源を入れても表示部に何も表示されないため、点検すると電流ヒューズが溶断していた。IGBT のコレクタとエミッタ間の抵抗値を測定すると 80 Ω であったことから、原因として IGBT の不良が考えられる。

（エ）　表示部に電源電圧の異常を示すエラーが表示された。電源電圧を測定すると、交流 200V であった。電源電圧は正常なため、電源電圧検知回路の不良が原因と考えられる。

（オ）　電源を入れて加熱運転をスタートすると、すぐにトッププレートの火力表示ランプが点滅して「ピッ、ピッ・・・」と警告音が鳴り、鍋なし自動 OFF 機能が働いて加熱運転を停止した。原因として、カレントトランス２やコイル電流検知回路などの不良が考えられる。

生活家電

問題
応用技術

問題 4

次は、蓄電池について述べたものである。
組み合わせ①〜④のうち、<u>誤っているものの組み合わせ</u>を1つ選択しなさい。

（ア）CHAdeMO（チャデモ）規格に準拠したV2H用充電器には、双方向のインバーターユニットが搭載されている。V2Hは、電気自動車を充電器に接続したとき、電気自動車の充電だけではなく、電気自動車の蓄電池から取り出した直流電力をインバーターユニットで交流に変換して家庭用電源として利用できるシステムである。

（イ）リチウムイオン蓄電池は、満充電の電圧の状態から放電するに従ってゆるやかに電圧が降下していくが、放電時の平均電圧は、正極がコバルト系の場合約3.7V、チタン酸系の場合約2.4V、リン酸鉄系の場合約3.2Vと材質によって異なる。

（ウ）リチウムイオン蓄電池は、電気用品安全法の「特定電気用品以外の電気用品」に指定されている。ただし、「単電池1個あたりの体積エネルギー密度が200Wh/リットル以上のものに限り、電動アシスト自転車用、医療用機械器具用および産業用機械器具用のものを除く。」とされている。

（エ）リチウムイオン蓄電池は、正極と負極の間をリチウムイオンが移動することで電気的エネルギーを供給する高性能な一次電池である。メモリー効果現象は発生するものの、自己放電が小さく急速充電が可能であるという特長がある。

（オ）リチウムイオン蓄電池は、周囲温度0℃〜40℃の範囲内で充電する必要がある。この温度の範囲外で充電すると、電池の漏液、発熱、破損などを引き起こす可能性があり、電池の性能や寿命の低下につながることもある。

【組み合わせ】
① （ア）と（イ）
② （イ）と（ウ）
③ （ウ）と（エ）
④ （エ）と（オ）

問題 5

次は、ルームエアコンの設置について述べたものである。
組み合わせ①〜④のうち、誤っているものの組み合わせを1つ選択しなさい。

（ア）　R32冷媒を使用するルームエアコンでは、室外ユニットのサービスバルブの
サービスポート径をR410A冷媒やR22冷媒のものと異なる寸法にして、これ
らの冷媒を誤って封入することを防止している。

（イ）　ルームエアコンを設置する場合には、専用の電気回路を設ける必要がある。これ
は、既設のコンセントを複数の電気機器と共用で使用すると、電圧降下や電源容
量の不足によりコンプレッサーが起動しなかったり、ブレーカーが作動したりす
る可能性があるためである。

（ウ）　ルームエアコンを移設する際には冷媒回路内（冷凍サイクル内）の冷媒を室外ユ
ニットに回収する必要がある。この回収する作業をポンプダウンという。エアコ
ン本体の故障などでこのポンプダウンができない場合は、冷媒回収機にて冷媒を
回収する必要がある。

（エ）　地球環境保護の立場から、エアパージは真空引きポンプ方式で行う。設置におけ
る真空引きは、メーカーが指定する所定の時間（一般的に10分〜15分）行った
うえで、ゲージマニホールドの低圧側ゲージが−0.1MPaになっていることを確
認する。修理充填時の真空引き時間は 設置時と同等もしくは短い。詳しくは各
メーカーのサービスマニュアルを参照し、エアパージ時間を確認したうえで作業
すること。

（オ）　配管フレアー加工を実施する際は、「ドライ（内部に水分がないこと）」、「クリー
ン（内部にゴミがないこと）」、「タイト（冷媒の漏れがないこと）」，これら配管
施工の三原則に留意する必要がある。

【組み合わせ】
　①　（ア）と（エ）
　②　（イ）と（オ）
　③　（ウ）と（ア）
　④　（エ）と（イ）

生活家電

問題
応用技術

問題 6

次は、ルームエアコンの冷房運転時における故障診断に関する記述である。（ア）～（オ）が示すものとして<u>最も適切なもの</u>を語群①～⑩から選択しなさい。ただし、ルームエアコンの電源電圧は100V、四方弁は冷房励磁とする。

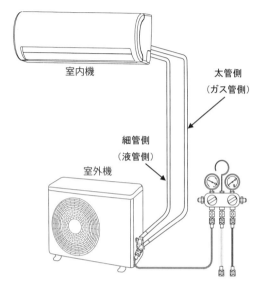

（ア）　運転開始後、室内機より温風が出てきたため、室外機の制御基板から四方弁コイルのコネクターを抜かずに出力電圧をテスターで測定したところ、100Vが印加されており、四方弁コイルの断線もなかった。

（イ）　運転開始後、しばらくすると室内熱交換器の表面が凍り、室外機の太管側（ガス管側）にも霜がつき始めた。室内熱交換器サーミスターと室内制御基板は正常に動作していた。

（ウ）　運転を開始してしばらく経っても室内熱交換器の冷えが弱く、接続配管の細管側（液管側）に霜がついていた。

（エ）　圧縮機（コンプレッサー）の動作音はしているが、ゲージマニホールドの圧力は静止圧から変化しなかった。

（オ）　運転を開始してしばらく経っても室内熱交換器の冷えが弱く、接続配管の太管側（ガス管側）に霜がついていた。

【語群】
① 四方弁のピストン固着　　　　　② 圧縮機の圧縮不良
③ 圧縮機のロック　　　　　　　　④ 太管側（ガス管側）の配管つぶれ
⑤ 室外制御基板の不良　　　　　　⑥ 冷媒量不足または電子膨張弁の開度不足
⑦ 室内熱交換器の汚れまたは室内機の送風ファンの汚れ
⑧ 室外熱交換器の汚れまたは室外機の送風ファンの汚れ
⑨ 細管側（液管側）の配管つぶれ
⑩ 冷媒の過充填または室外熱交換器の汚れ

問題 7

次は、ルームエアコンの圧縮機破裂について述べたものである。
組み合わせ①～④のうち、<u>誤っているものの組み合わせ</u>を１つ選択しなさい。

（ア）　次の３つの条件が揃った場合、圧縮機が破裂するおそれがある。

a. 圧縮機が運転中である。
b. 冷凍サイクル内に閉そく部がある。
c. 冷凍サイクル内に空気が混入している。

（イ）　圧縮機は、空気圧縮運転をすると異常な高温高圧になり、最悪の場合、圧縮機内部で冷媒の温度が着火点まで上昇し、圧縮機の破裂を引き起こすおそれがある。

（ウ）　蒸発器（エバポレーター）からガス漏れしている場合、圧縮機が破裂するおそれがあるため、ポンプダウンは行うべきではない。ただし、冷凍サイクル内に冷媒が残っている場合、温室効果ガス削減の観点から、冷媒回収装置を用いて残留冷媒を全量回収する必要がある。

（エ）　サービスバルブの二方弁が閉止状態のままであったり、冷凍サイクル内に詰まりがあり閉そく状態になったりした場合でも、ガス漏れがなければ、その状態のまま運転を継続したとしても、通常、それらのことを原因として圧縮機が破裂することはない。

（オ）　圧縮機の破裂事故は、製品の使用期間に比例して発生するものであり、購入したばかりの新しい製品であれば、条件がそろっていても破裂するおそれはない。

【組み合わせ】

① （ア）と（イ）
② （イ）と（オ）
③ （ウ）と（エ）
④ （エ）と（オ）

問題
8

次は、ノンフロン冷凍冷蔵庫について述べたものである。
（ア）〜（オ）について、<u>正しいものは①</u>、<u>誤っているものは②</u>を選択しなさい。

（ア）　冷凍サイクルの不良のひとつとして、圧縮不良がある。その際、蒸発器は一般的に着霜し、冷媒の流音がする場合もある。

（イ）　冷凍サイクル修理における R600a 冷媒の排出は、部屋の窓やドアを開け十分に換気し、火気や着火源となるものがない屋内の安全な場所に防爆仕様の真空ポンプを設置して作業する。

（ウ）　R600a を使用する圧縮機交換の作業では、パイプカッターを使用して配管を切断し、R600a 封入後の圧縮機の封入管はピンチオフプライヤーで圧着する。そのうえで、ガスリークテストを行い、ガス漏れのないことを確認してろう付け作業により封止する。

（エ）　R600a 冷媒を使用する冷蔵庫の電気的接点を有する部品は難燃性・密閉構造とし、低い電圧で動作するスイッチ類などを使用して、安全性を確保している。霜取りヒーターなどの発熱部品の表面温度は、安全を考慮して R600a 冷媒の発火温度より 100℃以上低い温度を基準としている。

（オ）　R600a 冷媒（イソブタン）は R134a 冷媒（代替フロン）に比べ蒸発圧力が低いため、蒸発器におけるガス漏れを確認する場合、運転を停止し冷蔵庫のドアを開けて、10 分〜 15 分程度たってからガス漏れを確認すると判定しやすくなる。圧縮機の運転中は蒸発器が低圧となるため、ガス漏れの確認はできない。

問題 9

次は、全自動洗濯機（ドラム洗を含む）および縦型洗濯乾燥機の故障診断について述べたものである。

組み合わせ①～④のうち、誤っているものの組み合わせを1つ選択しなさい。

（ア）　給水ホースと水栓（蛇口）の間から水漏れが発生したので、給水ホースを点検したが異常はなかった。水栓の接続部に錆び、キズを発見したので、水栓接続部側の問題と判断した。

（イ）　ベルト駆動タイプの全自動洗濯機において、脱水できないとのことで点検したところ、脱水工程で洗濯・脱水槽が回転せず、パルセーターだけが回転していた。軸受機構部（クラッチ）のクラッチバネの不具合によるシャフトの締めつけ力低下などが考えられる。

（ウ）　PTCヒーターを用いた洗濯乾燥機において、乾燥運転は終了したが、衣類が十分に乾いていなかった。PTCヒーターは、ヒーターに流れる電流値をマイコンにより制御することで発熱量をコントロールするため、まずはヒーターに流れる電流値が適正な値であるかを確認した。

（エ）　ヒートポンプ式の洗濯乾燥機で乾燥運転していたところ、乾燥時間が設定コースの規定時間を超えたため、乾燥途中で運転が停止した。ヒートポンプの動作に問題は見つからなかったため、乾燥フィルターや乾燥ダクト内の空気循環経路内のホコリ詰まりがないか確認した。

（オ）　給水異常のエラー表示で停止し洗濯が始まらなかった。標準（おまかせ）コースを選び、運転をスタートさせると給水はされるが、水槽に水がたまらなかった。原因としては、水位を検知している水位センサーの不良が考えられる。

【組み合わせ】

① （ア）と（オ）

② （イ）と（エ）

③ （ウ）と（オ）

④ （エ）と（ウ）

生活家電	**問題** 応用技術

問題 10

次は、冷蔵庫の故障診断について述べたものである。
（ア）〜（オ）について、正しいものは①、誤っているものは②を選択しなさい。

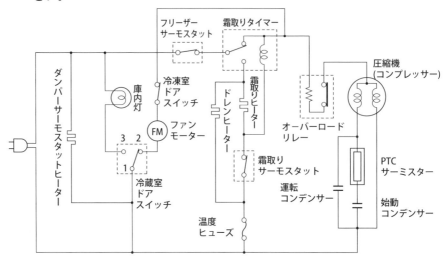

（ア）　冷凍室、冷蔵室ともに冷えていなかった。冷蔵室のドアを開けドアスイッチを押すと庫内灯は消え、ファンモーターは回らなかった。霜取りタイマーのスイッチは霜取り側に切り替わっていた。霜取りサーモスタットの固着により、温度ヒューズが切れたことが原因と考えられる。

（イ）　冷凍室は設定の温度まで冷えていたが、冷蔵室は冷えない状態であった。冷蔵室のドアを開けてドアスイッチを押すと庫内灯は消え、ファンモーターは回転したが、冷蔵室に冷気が流れてこなかった。冷蔵室の冷気を調整するダンパーサーモスタットを点検するとダンパーが閉じていたため、ドレンヒーターの断線が原因と考えられる。

（ウ）　冷凍室、冷蔵室ともにあまり冷えておらず、冷蔵室内の上部奥にある冷蔵室温度制御装置の冷気吹き出し口付近だけが冷えていた。圧縮機は動作しており、庫内灯が常時点灯していた。冷蔵室ドアスイッチの３側での固着が原因と考えられる。

（エ）　ファンモーターは回転していたが冷凍室、冷蔵室ともに冷えていなかった。再度電源を入れると圧縮機モーターは起動しようとするが、すぐにオーバーロードリレーが働いて止まった。フリーザーサーモスタット、霜取りタイマーの故障が原因と考えられる。

（オ）　冷凍室、冷蔵室ともに十分冷えた状態であり、霜取りも正常に行われていた。霜取り運転が終わると、圧縮機モーターが連続で運転し続け、ファンモーターもドアを閉めている間、連続で回り続けていた。フリーザーサーモスタットの固着が原因と考えられる。

問題 11

次は、温水洗浄便座の故障診断について述べたものである。
組み合わせ①〜④のうち、<u>誤っているものの組み合わせ</u>を1つ選択しなさい。

（ア）　おしり洗浄ボタン、ビデ洗浄ボタンのどちらを押しても、各ノズルが出てこない。ノズル洗浄ボタンを押すとノズルは出てきた。着座センサーの検知不良が考えられる。

（イ）　トイレを使っていないときでも、常時、ノズルの先端から水が漏れて止まらない状態である。水ポンプユニットの故障が原因と特定した。

（ウ）　おしり洗浄ボタンを押すと洗浄水は出るが、水勢が弱くて十分におしりを洗浄できない状態である。水勢を「弱」から「強」に切り換えても水勢は変化しない。一次水圧も正常でフィルターにも詰まりはなかった。電源基板およびステッピングモーターの不具合が考えられる。

（エ）　赤外線センサー方式の便ふた自動開閉機能付き温水洗浄便座では、夏場に便ふたが自動で開かないことがある。これは、トイレの室温が体温に近いほど高くなると、人の動きによって発生する熱の変化を、センサーが検知できないことがあるためと考えられる。

（オ）　おしり洗浄ボタンを押しておしりを洗浄した後、停止ボタンを押しても洗浄水が止まらない。流量調整弁を点検した。

【組み合わせ】
① （ア）と（イ）
② （イ）と（オ）
③ （ウ）と（エ）
④ （エ）と（オ）

問題 12

次は、エコキュートについて述べたものである。
組み合わせ①～④のうち、<u>誤っているものの組み合わせ</u>を１つ選択しなさい。

（ア）　エコキュートも外気温度が低く湿度が高い時期には、空気用熱交換器に着霜が始まる。その影響による効率の低下を防ぐために、四方弁の切り替えによって高温・高圧の冷媒を空気用熱交換器に送り霜取り運転を行う。

（イ）　外気温が低い場合、昼間の沸き上げ機能をオフにしていても、昼間に沸き上げることがある。ヒートポンプ配管の保護のためにこの動作を行うことがあり、必ずしも故障ではない。

（ウ）　貯湯タンクと水加熱用熱交換器の間に湯水を循環させるための循環ポンプは、沸き上げた湯の温度が設定値になるように回転数を制御している。温度が低い場合は回転数を下げ、温度が高い場合は回転数を上げる。

（エ）　サーモスタット（温度調節）式混合栓から湯を出したが、温度調節つまみの示す温度の湯が出ない。また、リモコンの設定温度よりも湯の温度が低かった。点検したところ、給湯電動混合弁の入口温度は90℃近くあり、出口温度も設定温度に近かったため、まずは、給湯電動混合弁を交換した。

（オ）　水道水の給水圧力は、高圧力型では200kPa以上、超高圧力型では300kPa以上で使用する。配管の条件により給湯圧は変動する。

【組み合わせ】
　①　（ア）と（オ）
　②　（イ）と（ウ）
　③　（ウ）と（エ）
　④　（エ）と（ア）

問題 13　次は、LED 電球および直管 LED ランプについて述べたものである。
①～④のうち、誤っているものを 1 つ選択しなさい。

① 玄関灯や門灯など屋外の照明器具に取り付けて使う場合は、屋外使用に対応した電球形 LED ランプを選定する必要がある。また、浴室や洗面台で使われるカバーで覆われたタイプのランプは熱がこもりやすいため、密閉型器具対応の電球形 LED ランプを選定する必要がある。

② 既存の蛍光灯照明器具をそのまま利用して直管蛍光ランプを直管 LED ランプに交換する場合は、改造を加えない限り安全に使用できる。

③ ダウンライトが取り付けられている天井に断熱材が敷き詰められている場合など、熱の逃げ場なくて器具内の温度が上がり LED ランプの発光効率が低下して、寿命が短くなる。ダウンライトの器具側に下記のマークがついている場合は、断熱材施工器具対応の LED ランプを用いる。

④ 白熱電球用の調光器と電球形 LED ランプを組み合わせる場合、調光器に適合していない電球形 LED ランプを接続すると、極端な短寿命になったり、器具破損の原因になったりする。

生活家電

応用技術　問題

次は、オーブン機能付き電子レンジの故障診断について述べたものである。
組み合わせ①〜④のうち、誤っているものの組み合わせを1つ選択しなさ
い。

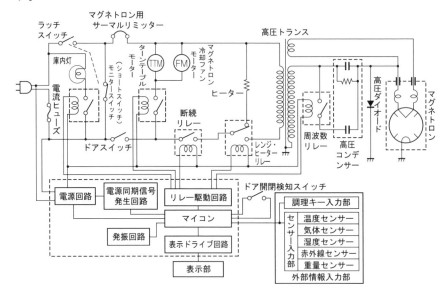

（ア）　食品をレンジ加熱していると、急に加熱が停止した。確認したところマグネトロ
ン用のサーマルリミッターが動作し接点が OFF になっていた。原因として、マグ
ネトロン冷却ファンモーターの故障やファン部のゴミ詰まりなどが考えられる。

（イ）　レンジ加熱、オーブン加熱の調理設定はできるが、いずれも加熱がスタートしな
い。原因として、レンジ・ヒーターリレーの不具合が考えられる。

（ウ）　オーブン加熱時、設定した温度までヒーターの温度が上がらない。温度センサー
（サーミスター）の不具合が考えられる。

（エ）　ドアを開閉したところ、表示も動作もしなくなった。点検すると、電流ヒューズ
が断線していた。原因として、ドアスイッチの不具合が考えられる。

（オ）　レンジ加熱ができない。マグネトロンを直流 500 V 絶縁抵抗計で測定すると、
アノード（陽極）とカソード（陰極）との間で絶縁抵抗が 100 MΩ であった。
原因として、高圧ダイオード、高圧コンデンサーの不具合が考えられる。

【組み合わせ】
　①　（ア）と（イ）　　　②　（イ）と（エ）
　③　（ウ）と（オ）　　　④　（エ）と（オ）

問題 15

次は、IH ジャー炊飯器の故障診断について述べたものである。
（ア）〜（オ）について、正しいものは①、誤っているものは②を選択しなさい。

（ア）　電源プラグをコンセントから抜いた状態で、液晶表示部に時計表示が出ない。電源プラグをコンセントに挿しても、液晶表示部に時計表示が出ない。電池切れが考えられるため、リチウム電池を点検した。

（イ）　炊飯完了後、ご飯が焦げていた。内釜に異常はなく、感熱部のサーミスターの抵抗値も正常であったため、感熱部を清掃し、制御部の部品を交換した。

（ウ）　保温状態のご飯が乾燥ぎみである。メーカー指定の方法で保温温度を測定したところ、JIS の範囲より高い温度であった。原因として、ふたの保温ヒーターまたは側面の保温ヒーターの不良が考えられる。

（エ）　炊飯中に IGBT の高温エラーで炊飯動作が停止した。IGBT を点検したところ異常がなかったため、加熱コイルと制御基板を同時に交換した。

（オ）　内釜をセットして炊飯ボタンを押した後、内釜なしのエラー表示が出た。内釜の有無の検知は、炊飯ボタンを押したときに加熱コイルに流れる電流を検出して判断する。加熱コイルや電流検出コイルに異常がない場合は、IGBT の不良、もしくは IGBT 駆動回路、IH 制御回路の不良が考えられる。

生活家電
問題&解説

基礎技術
応用技術

問題 1

次は、生活家電の製品安全について述べたものである。
組み合わせ①〜④のうち、<u>誤っているものの組み合わせ</u>を1つ選択しなさい。

（ア）　ヘアドライヤーの電源プラグをコンセントから抜いたあとで、電源コードを本体に巻き付けると、本体とコードの付け根部分の芯線にストレスがかかり、半断線の原因になり、ショートによる火災や感電事故につながる場合がある。

（イ）　食用油や美容オイルなどの油分が付着した衣類やタオルなどを洗濯乾燥機で乾燥させると、乾燥運転後の余熱などにより洗濯では完全に洗浄しきれなかった油分が、発煙・発火することがある。このような事態を避けるため、油分が付着した衣類やタオルなどを洗濯乾燥機で乾燥させる場合には、他の洗濯物と分け、短い時間の乾燥運転で行う必要がある。

（ウ）　電子レンジで調理中、過加熱などにより、食材が発火することがある。このような場合、各メーカーでは、まず扉を閉めたまま「スイッチを切る」、「電源プラグを抜く」などして電源を遮断し、庫内の様子を見て、火が消えなければ、扉を閉めたまま、消火器具を準備するよう、取扱説明書で注意喚起している。

（エ）　ホコリなどの異物が電源プラグとコンセントの隙間に堆積し、そこに湿気が加わることで、電源プラグの刃と刃の間に放電が起きる。この放電によって、微弱な電流が流れる経路ができて絶縁物の炭化現象が始まり、絶縁物が抵抗に変わり、ジュール熱が大きくなって、発煙・発火の原因になる。この現象をトラッキング現象という。

（オ）　抵抗加熱による発熱量は、ジュールの法則によって求められるが、電源プラグ内の接合部分が緩むことで接触抵抗が $0.1\,\text{m}\Omega$ から $0.1\,\Omega$ に増大すると、電源プラグ内の発熱量は 100 倍に上昇し、発煙や発火などの事故につながるおそれがある。

【組み合わせ】
① （ア）と（オ）
② （イ）と（オ）
③ （ウ）と（エ）
④ （エ）と（イ）

正解 ②

解説 ▼

（イ）「油分が付着した衣類やタオルなどを洗濯乾燥機で乾燥させる場合には、他の洗濯物と分け、短い時間の乾燥運転で行う」が誤りである。油分が付着した衣類やタオルなどを洗濯乾燥機で乾燥させると、洗濯では完全に洗浄しきれなかった油分が乾燥運転後の余熱により酸化・発熱し、洗濯物から煙が出て異臭がしたり、自然発火したりするおそれがある。メーカーは、油分が付着した衣類やタオルなどは、洗濯乾燥機で乾燥させないよう取扱説明書などで注意喚起している。

（オ）「100 倍に上昇」が誤りである。「1000 倍に上昇」が正しい。

問題 2

次は、生活家電の基礎について述べたものである。
（ア）～（オ）について、<u>正しいものは①</u>、<u>誤っているものは②</u>を選択しなさい。

（ア）　一般的なテスターは、交流レンジでは、正弦波交流を測定した場合に正しい電圧値を示すように作られている。このため、簡易インバーター電源の出力など、正弦波以外の交流電圧については正しく測定できない。

（イ）　絶縁抵抗は製品内部の温度が高いほど低下する傾向があるため、通常、絶縁抵抗の最終的な確認は、製品の動作停止から 15 分ほど経過後、製品内部の温度が低くなった状態で測定して行う。一般的に絶縁抵抗値が 1MΩ 未満の場合は点検する必要があると考えられる。

（ウ）　IGBT は、MOSFET の高速スイッチング特性とバイポーラトランジスタの低 ON 電圧特性の長所を組み合わせて作られたスイッチング素子である。

（エ）　デジタルテスターは、アナログテスターに比べて内部抵抗が小さく、テスターに流れ込む電流が少ない。そのため、デジタルテスターは、測定する回路に影響を与えにくく、アナログテスターより正しく電圧を測定することができる。

（オ）　下記は交流モーターの回転速度（r/min）を表す公式である。
　　　　f：電源周波数（Hz）　P：モーターの極数　　S：すべり　とする。

$$交流モーターの回転速度 = \frac{120\,f}{P}\,(1-S)$$

生活家電
基礎技術

問題&解説

125

正解 （ア）① （イ）② （ウ）① （エ）② （オ）①

解説▼

（イ）「製品の動作停止から15分ほど経過後製品内部の温度が低くなった状態
で測定して行う。」が誤りである。製品内部の温度が高いほど絶縁抵抗が低
下する傾向があるため、通常、絶縁抵抗の最終的な確認は、製品を15分ほ
ど動作させ、製品内部の温度が高くなった状態で測定して行う。一般的に絶
縁抵抗値が1MΩ未満の場合は点検する必要があると考えられる。

（エ）「アナログテスターに比べて内部抵抗が小さく」が誤りである。
デジタルテスターの内部抵抗は、アナログテスターに比べて大きい。テス
ターの内部抵抗が大きいほど流れ込む電流は少なくなるため、回路に影響を
与えずにアナログテスターより正しい電圧が測定できる。

問題 3 次は、家庭用除湿機について述べたものである。
組み合わせ①〜④のうち、<u>誤っているものの組み合わせ</u>を１つ選択しなさい。

（ア）　部屋の必要除湿水量の算定の基礎となる単位床面積当たり除湿負荷（L／m² : 一日１m² 当たりに必要な除湿量）は、木造一戸建て住宅よりもコンクリート造りの集合住宅の方が小さい。

（イ）　デシカント式除湿機に使用されているゼオライトは、金属酸化触媒のようにニオイの元となる成分を吸着させ、酸化作用で無臭の分子などに分解する機能を有している。

（ウ）　コンプレッサー式除湿機では、湿った空気を蒸発器（エバポレーター）で冷やし結露させ除湿する。蒸発器で冷やされた空気を凝縮器（コンデンサー）で暖め、吹き出し口から排出するため、連続運転した場合、条件にもよるが室温が約１℃〜２℃高くなる場合がある。

（エ）　室温 15℃の条件下で除湿能力を比較した場合、デシカント式除湿機よりコンプレッサー式除湿機のほうが優れている。一方で、同じ除湿能力での消費電力量はコンプレッサー式のほうが大きくなる。

（オ）　デシカント式除湿機は、給排気ファンで吸い込まれた湿った空気の水分をゼオライトに吸着させることで除湿する方式である。水分を吸着したゼオライトはヒーターで加熱されて水分を放出する。放出された高温高湿の空気は熱交換器に送られ、室内の空気と熱交換して（冷やされて）結露する。結露した水分はタンクへ落下する。

【組み合わせ】
① （ア）と（ウ）
② （イ）と（オ）
③ （ウ）と（エ）
④ （エ）と（イ）

生活家電
基礎技術

問題＆解説

正解 ④

解説 ▼

(イ) 「金属酸化触媒のように」以下が誤りである。デシカント式の除湿機に使用されているゼオライトは、ニオイを吸着させて脱臭する作用があるが、金属酸化触媒のように<u>ニオイの元となる成分を吸着させ、酸化作用で無臭の分子などに分解する能力はない</u>。

(エ) 「コンプレッサー式除湿機のほうが優れている」、「コンプレッサー式のほうが大きくなる」が誤りである。<u>室温15℃の条件下では、デシカント式除湿機の除湿能力が優れている</u>。一方でデシカント式はコンプレッサー式と比べ、<u>同じ除湿能力で消費電力が2倍～3倍大きくなる</u>。

問題 4

次は、オーブン機能付き電子レンジ（過熱水蒸気加熱の機能を含む）について述べたものである。

組み合わせ①～④のうち、誤っているものの組み合わせを1つ選択しなさい。

（ア）　通常のオーブン機能による加熱では、対流ヒーターにより加熱された高温の空気が食品に接触して加熱する。過熱水蒸気による加熱は、過熱水蒸気が食品の表面で凝縮する際に生じる凝縮伝熱のみで加熱する。

（イ）　インバーターを採用していないヘルツフリーの電子レンジにおいて、50Hz地区では、60Hz地区に比べるとマグネトロンに印加する電力が小さくなる。そのため、リレー駆動回路からの信号により周波数切換えリレーを閉じ、高圧コンデンサーの容量を大きくすることで、60Hz地区とほぼ同じ電力に調整している。

（ウ）　マグネトロンより発振されたマイクロ波は波長約12cmの波の性質を持っているため、加熱室内には、電界の強いところと弱いところの定在波が存在し、これが原因となって、食品の加熱むらが生じる。この加熱むらを低減するために、マイクロ波を撹拌（かくはん）するスタラーファンや回転アンテナを用いた方式や食品を回転させるターンテーブル方式のものがある。

（エ）　圧電素子式重量センサーは、食品がターンテーブルに載ると動作する可動電極部分と、可動電極上部にある平板固定電極部分との間隔の変化をマイコンが重さの変化として読み取っている。

（オ）　電子レンジのマイクロ波周波数は、電波法施行規則で2450MHz±50MHzとされている。この周波数帯はラジオ、2.4GHz帯の無線LANなどの機器に影響を与える可能性がある。設置する際は、これらの通信機器から離して設置する必要がある。

【組み合わせ】
　①　（ア）と（エ）
　②　（イ）と（ウ）
　③　（ウ）と（ア）
　④　（エ）と（オ）

生活家電

基礎技術

問題&解説

129

正解 ①

解説 ▼

（ア）「凝縮伝熱のみで加熱する」が誤りである。過熱水蒸気式は凝縮伝熱に加え対流、ふく射などと合わせた複合伝熱により加熱される。

（エ）「圧電素子式重量センサー」が誤りである。食品がターンテーブルに載ると動作する可動電極部分と、可動電極上部にある平板固定電極部分との間隔の変化をマイコンが重さの変化として読み取っている」の記述は「静電容量式重量センサー」の記述である。「圧電素子式重量センサー」は、ターンテーブルの下にあるローラーを経由して圧電素子に伝わった食品重量を電圧の変化として読み取る方式である。

次は、家庭用空気清浄機について述べたものである。
①～④のうち、誤っているものを1つ選択しなさい。

① 空気清浄機で使用される脱臭方法として次のものがある。
　・活性炭を用いたフィルターを使用し、特定の物質を吸着除去する。
　・光触媒に紫外線を当て OH ラジカルなどを発生させニオイ成分を酸化分解する。
　・プラズマ放電によりラジカル（遊離基）を発生させてニオイ成分を分解する。

② JIS では、HEPA フィルターは、定格流量で粒径が 0.15μm の粒子に対して 99.9995％以上の粒子の捕集率を持ち、かつ初期圧力損失が 245Pa 以下の性能を持つエアフィルターと規定されている。

③ 一般社団法人日本電機工業会が定める性能測定基準では、集じん性能は、たばこの煙を用いて、20 m³ ～ 32 m³ の集じん能力測定室で測定する。たばこの煙は、平均 0.3μm と非常に小さく集じんが難しいが、集じん性能試験を行ったとき、初期の集じん効率が 70％以上でなければならない。

④ ホコリセンサーは、たばこや線香の煙、花粉やダニなどのハウスダストを検知する。また、ニオイセンサーはたばこや線香などのニオイ、化粧品やアルコールなどを検知する。しかし双方とも細菌やウイルスは検知できない。

生活家電　基礎技術　問題&解説

正解　②

解説 ▼

② 「定格流量で粒径が 0.15μm の粒子に対して 99.9995％以上の粒子」が誤りである。
　JIS では、HEPA フィルターは、<u>定格流量で粒径が 0.3μm の粒子に対して 99.97％以上の粒子の捕集率を持ち、かつ初期圧力損失が 245Pa 以下の性能を持つ</u>エアフィルターと規定されている。

問題&解説
基礎技術

次は、家庭用掃除機について述べたものである。
（ア）～（オ）について、正しいものは①、誤っているものは②を選択しなさい。

（ア）　掃除機のモーターは、チリやホコリなどにより集じん部が目詰まり状態となったり、大きなゴミなどによって吸込口がふさがれたりすると、負荷となる空気を吸引できず、ファンの空気抵抗が減り、負荷が軽くなった分、回転速度が上昇する。

（イ）　モーターの整流子とカーボンブラシの接触によって発生する異常なスパークを検知した場合、安全を確保するためにマイコンが働いて運転を停止（ロック）する。こうしたとき多くの場合、専門の修理者が各メーカー独自のリセット方法に従って、ロック状態を解除したうえで、故障診断を実施する必要がある。

（ウ）　キャニスター式掃除機に用いられている交流直巻整流子モーターの羽根には、動翼（ディフューザー）と静翼（ファン）があり、動翼には風量と風圧の大きいシロッコファンが用いられている。シロッコファンが回転すると、ファン中心部の空気は遠心力で外周方向に流れて静翼に達する。静翼に達した空気は案内羽根によって集められ、モーターとコードリールを冷却しながら排気口から排出される。

（エ）　ターボブラシ（タービンブラシ）は吸い込む空気の流れ（風）を利用し、タービンで回転ブレードを回転させてじゅうたんの糸くずや綿ゴミなどをかき出して吸い込む方式の床ブラシである。

（オ）　掃除機のモーターに使用されている交流直巻整流子モーターは、トルクが大きく、高い回転速度が得られるとともに、モーターに印加する電源周波数を変えることにより、回転速度を細かく制御できるという特徴がある。

正解　（ア）①　　（イ）①　　（ウ）②　　（エ）①　　（オ）②

解説 ▼

（ウ）「動翼（ディフューザー）と静翼（ファン）があり、動翼には風量と風圧の大きいシロッコファンが用いられている。シロッコファンが回転すると」が誤りである。

キャニスター式掃除機に用いられている交流直巻整流子モーターの羽根には、<u>動翼（ファン）と静翼（ディフューザー）があり、動翼には風量と風圧の大きいターボファンが用いられている。ターボファンが回転すると</u>、ファン中心部の空気は遠心力で外周方向に流れて静翼に達する。

（オ）「印加する電源周波数」「細かく制御」が誤りである。

掃除機のモーターに使用されている交流直巻整流子モーターは、トルクが大きく、高い回転速度が得られるとともに、<u>モーターに印加する電圧を変えることにより、回転速度を広範囲に制御できる</u>という特徴がある。

問題 7

次は、冷媒およびそれに関連する事項について述べたものである。
組み合わせ①〜④のうち、誤っているものの組み合わせを１つ選択しなさい。

（ア）　R410A 冷媒を使用するルームエアコンから R32 冷媒の機種に置き替える場合、ポンプダウンができない場合を除き、基本的に R410A 機種の既設配管をそのまま使用できる。R32 冷媒は R410A 冷媒の凝縮圧力とほぼ同じであり、R410A 冷媒も R32 冷媒も肉厚 0.8 mm 以上の銅管を使用する必要がある。

（イ）　ルームエアコンの R32 冷媒は、凝縮圧力が R22 冷媒よりも高く、耐圧強度を上げるため、冷媒配管のフレア加工寸法を大きくしなければならない。加工寸法の変更に伴い、フレアナットの寸法も一部変更となっている。また、既設のフレアを再利用することはガス漏れのリスクがあり再加工が必要となる。

（ウ）　ルームエアコンの R410A 冷媒は、R32 と R125 を比率 50wt% /50wt%で混合させた混合冷媒である。ガス漏れなどで冷媒を追加充填する場合、組成が安定しているガス相で行うことで冷凍サイクル内の冷媒組成に影響を与えることはない。

（エ）　ノンフロン冷蔵庫の R600a 冷媒は可燃性ガス、ルームエアコンの R32 冷媒は微燃性ガスとされており、いずれも取り扱いには注意が必要である。R32 冷媒の燃焼範囲（濃度）は 13.8vol.％〜 29.3vol.％であるが、R600a 冷媒は 1.8vol.%〜 8.4vol.%と燃焼下限値が小さく、より燃焼・爆発のリスクが高い。

（オ）　エコキュートの CO_2 冷媒（R744）は、オゾン破壊係数・地球温暖化係数ともにゼロであり、フルオロカーボン冷媒や炭化水素系冷媒に比べ地球環境に優しい。

【組み合わせ】
①　（ア）と（オ）
②　（イ）と（ウ）
③　（ウ）と（オ）
④　（エ）と（ア）

正解 ③

解説 ▼

（ウ）「冷媒を追加充填する場合、組成が安定しているガス相で行えば、冷凍サイクル内の冷媒の組成に影響を与えることはない」が誤りである。ガス漏れの場合、既に冷凍サイクル内の組成が変わっているため、冷媒を追加充填すると、<u>エアコンの特性が変化したり故障の原因となったりするので、追加充填してはならない。</u>

（オ）「地球温暖化係数ともにゼロ」が誤りである。<u>CO_2 冷媒の地球温暖化係数は 1 であり、</u>代替フロンである HFC 冷媒の 1700 分の 1、炭化水素系冷媒（イソブラン、シクロペンタン）の 3 分の 1 となっている。

次は、ルームエアコンの冷凍サイクルについて述べたものである。
①～④のうち、四方弁の状態と冷媒の状態につき<u>正しいもの</u>を１つ選択しなさい。

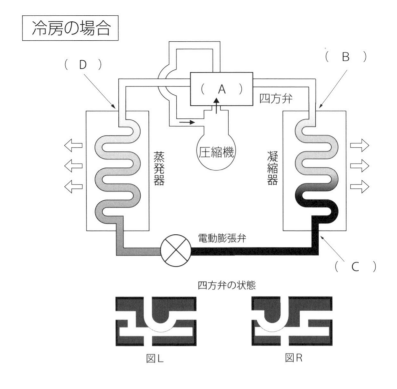

① （A）図L、（B）低圧 低温 気体、（C）高圧 低温 液体、（D）高圧 高温 液体

② （A）図L、（B）低圧 低温 気体、（C）高圧 常温 液体、（D）高圧 高温 気体

③ （A）図R、（B）高圧 高温 液体、（C）高圧 低温 液体、（D）低圧 低温 気体

④ （A）図R、（B）高圧 高温 気体、（C）高圧 常温 液体、（D）低圧 低温 気体

正解 ④

解説 ▼

ルームエアコンの冷房の仕組みは以下のとおりである。圧縮機によって高
圧・高温に圧縮された冷媒は、四方弁にて凝縮器（室外側の熱交換器）に送
られ、液化される。液化された冷媒は電動膨張弁を通って圧力を降下させ、
低圧・低温状態で蒸発器（室内側の熱交換器）に入り周囲から熱を奪って蒸
発することにより室内を冷やしている。蒸発した冷媒は気体となって再び圧
縮機に吸い込まれ、循環作用が繰り返される。

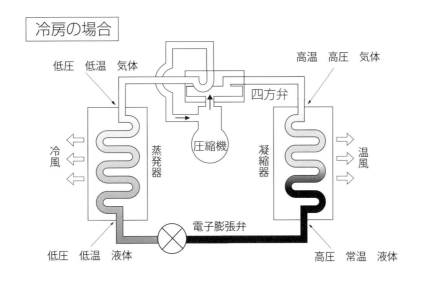

冷房の場合

問題 9

次は、エコキュートについて述べたものである。
（ア）〜（オ）について、正しいものは①、誤っているものは②を選択しなさい。

（ア）　ヒートポンプユニットが沸き上げ運転を行うと、膨張したタンク内の水が逃し弁のダイヤフラムを押し上げ、弁座とディスクの間に生じた隙間から流れ出る。このメカニズムにより、逃し弁はタンク内の設定圧力を維持している。

（イ）　ヒートポンプユニットにある水加熱用熱交換器は、「高温・高圧の CO_2 冷媒」と「循環ポンプから送られる水」を同じ方向に流すことで、高効率な熱交換を実現する。

（ウ）　追いだきができるフルオートタイプでは、炭酸ガスや硫黄・酸・アルカリを含んだ入浴剤や洗剤は、本体の故障や配管の腐食の原因となるため使用しない。

（エ）　ヒートポンプユニットで約 90℃に温められた水は、貯湯タンクの上部にたまる。貯湯タンク内では、上部の湯と下部の水の温度差が約 20℃を超えると、比重差により湯水混合層が形成され、湯と水はこの混合層を境に分離される。貯湯タンクの中は、湯量が減っても水道水が入り、常に満タン状態を維持する仕組みになっている。

（オ）　アキュムレーターは、空気熱交換器とコンプレッサーの間に設置されている。空気熱交換器で蒸発しきれない液冷媒がコンプレッサーに流入すると、破損するおそれがあるため、超臨界（気体・液混合）状態の冷媒の中から気体冷媒のみをコンプレッサーに送る構造になっている。

正解　（ア）　①　　（イ）　②　　（ウ）　①　　（エ）　①　　（オ）　①

解説 ▼

（イ）　「同じ方向に流すことで」が誤りである。
　　　ヒートポンプユニットにある水加熱用熱交換器は、「高温・高圧の CO_2 冷媒」と「循環ポンプから送られる水」を逆方向に流すことで、高効率な熱交換を実現する。

問題 10

次は、家庭用冷凍冷蔵庫について述べたものである。
（ア）～（オ）について、正しいものは①、誤っているものは②を選択しなさい。

（ア）　NTC サーミスターは温度が高いと抵抗値が小さくなり、低いと抵抗値が大きくなる特性があることから、家庭用冷凍冷蔵庫をはじめ各種機器の温度制御に活用されている。

（イ）　冷蔵庫のファンモーターは、それ自身の消費電力に加え、モーターコイル部の発熱が熱負荷として消費電力量に大きな影響を与える。このため、省エネ技術の取り組みとして、交流モーターからブラシレス直流モーターに替え、熱負荷の低減を図っている。

（ウ）　霜取りの制御は、冷蔵庫への通電時間に基づき行われる。積算した通電時間が設定値に達するたびに霜取りヒーターに通電され、霜取りが実行される。また一部の機種では、扉の開閉頻度を記憶し、扉の開閉頻度の少ない時間帯を選んで1日1回、確実に霜取りを行っている。

（エ）　ノンフロン冷凍冷蔵庫として販売されている製品の多くは、冷媒に R600a（シクロペンタン）を、断熱材発泡剤（断熱発泡ガス）にはイソブタンを採用し、完全なノンフロン化を実現している。

（オ）　キャピラリーチューブの出口は、冷媒が低温になっているため、冷媒の中に水分があると水分が凍結して出口をふさぎ、冷媒が循環しなくなることがある。この冷媒中の水分を取り除くために、凝縮器（コンデンサー）とキャピラリーチューブの間に乾燥器（ドライヤー）が設けられている。

生活家電
基礎技術
問題&解説

解説▼

（ウ）「霜取りの制御は冷蔵庫への通電時間に基づき」が誤りである。霜取りは冷蔵庫への通電時間の積算ではなく、<u>圧縮機モーターの運転時間を積算して、一定時間に達すると霜取りヒーターに通電され、霜取りが行われる</u>。このとき圧縮機モーターおよびファンモーターは停止している。冷却運転への復帰は、蒸発器（エバポレーター）に設けたデフロストセンサーの情報を基にマイコンが制御している。最近では、時間に関係なく扉の開閉頻度をマイコンが記憶し、最も扉の開閉時間が少ない時間帯を選び、霜取りを行っているものもある。

（エ）「冷媒にR600a（シクロペンタン）を、断熱材発泡剤（断熱発泡ガス）にはイソブタンを採用し」が誤りである。ノンフロン冷凍冷蔵庫として販売されている製品の多くは、<u>冷媒にR600a（イソブタン）を、断熱材発泡剤（断熱発泡ガス）にはシクロペンタンを採用</u>し、完全なノンフロン化を実現している。

次は、IHジャー炊飯器について述べたものである。
（ア）～（オ）に当てはまる最も適切なものを語群①～⑩から選択しなさい。

- 圧力式IHジャー炊飯器は、内釜内部の気圧を高くし、米がアルファ化する最適温度まで水の沸点を上げている。内釜内部の気圧は、調圧用 （ア） を動かし、調圧ボールを移動させ、空気を抜くことで調整している。

- IHジャー炊飯器の加熱原理は、 （イ） に高周波の電流を流すと磁力線が発生し、この磁力線が内釜の底を通るとき、うず電流が発生する。このうず電流と内釜の表皮抵抗によってジュール熱が生じ、内釜自体が発熱するものである。

- 保護装置としての電流検出回路の働きは次のとおりである。出力部に入力される電流を電流検出コイルで検出し、入力電力を一定に保つよう出力部を制御するとともに、過電流が検出された場合には、動作を停止する。また、内釜の有無も （ウ） に流れる電流で検出する。

- 保温ヒーターは、均一に保温するために、本体内部の側面とふたに取り付けられている。一般的に （エ） が用いられている。底面の保温には、炊飯時と同じコイルが用いられる。また、保温ヒーターを搭載せず、全面IHで保温する製品もある。

- JISにおいて保温試験は、最大炊飯容量を炊飯し、完了後15分間の蒸らしを行い、ご飯を （オ） 、定格電圧で12時間の保温を行う。この間、米飯各測定箇所の温度が下限67℃～上限78℃であり、著しい焦げの進行、異臭および著しい変色（褐変）があってはならないと規定されている。

【語群】

① ソレノイド
② かき混ぜたあと
③ チョークコイル
④ IGBT
⑤ シーズヒーター
⑥ トライアック
⑦ 加熱コイル
⑧ ベローズ
⑨ コードヒーター
⑩ かき混ぜないまま

正解 （ア）①　（イ）⑦　（ウ）④　（エ）⑨　（オ）②

解説▼

- 圧力式 IH ジャー炊飯器は、内釜内部の気圧を高くし、米がアルファ化（糊化）する最適温度まで水の沸点を上げている。内釜内部の気圧は、一定以上の値になると調圧用 ソレノイド を動かし、調圧ボールを移動させ、内釜内部の空気を抜くことで調整している。

- IH ジャー炊飯器の加熱原理は、 加熱コイル に高周波の電流を流すと磁力線が発生し、この磁力線が内釜の底を通るとき、うず電流が発生する。このうず電流と内釜の表皮抵抗によってジュール熱が生じ、内釜自身が発熱するものである。

- 保護装置としての電流検出回路の働きは次の通りである。出力部に入力される電流を電流検出コイルで検出し、入力電力を一定に保つよう出力部を制御するとともに、過電流が検出された場合には、動作を停止する。また、内釜の有無も IGBT に流れる電流で検出する。

- 保温ヒーターは、均一に保温するために、本体内部の側面とふたに取り付けられている。一般的に コードヒーター が用いられている。底面の保温には、炊飯時と同じ加熱コイルが用いられる。また、保温ヒーターを搭載せず、全面IH で保温する製品もある。

- 保温性能の試験方法は、JIS にて主に次のようなことが規定されている。最大炊飯容量を炊飯し、完了後 15 分間の蒸らしを行い、ご飯を かき混ぜたあと 、定格電圧で 12 時間の保温を行う。この間、米飯各測定箇所の温度は下限 67℃上限 78℃であり、著しい焦げの進行、異臭および著しい変色（褐変）があってはならない。

| 問題 12 | 次は、全自動洗濯機および洗濯乾燥機について述べたものである。組み合わせ①～④のうち、誤っているものの組み合わせを1つ選択しなさい。 |

(ア) 脱水運転時、衣類の片寄りなどによる洗濯・脱水槽のアンバランスを検知すると、安全スイッチが運転の途中でモーターを停止させる。その後、洗濯物の片寄りを均一になるように補正するため、給水してかくはん動作を行い、排水して脱水動作を再開する。

(イ) 電子式の水位センサーは、以下のメカニズムにより水位を検知する。
- 洗濯、脱水槽内に水が入るとエアホース内の空気が押され、空気圧力が変化する。
- 給水弁と直結したプランジャーがコイルの中を上下に動いてリアクタンスが変化する。
- 基板内の発振回路の発振周波数が変動する。これにより水位を検知する。

(ウ) ドラム式洗濯乾燥機の脱水運転の始動時は洗濯物のバランスが取れておらず、洗濯・脱水槽が大きく揺れようとし、モーターへの負荷の変動が大きくなる。水槽を支え振動を低減させるサスペンションは、脱水運転の始動時の大きな揺れを抑えるために硬く変化し、モーター負荷変動を少なくする。

(エ) 縦型洗濯機では、洗濯物を洗濯・脱水槽に入れ、パルセーターを回転させたあと、すぐにモーターの通電をOFFにし、パルセーターが惰性でどれだけ回転するかを検知することにより、洗濯物の量を測定している。また、そのパルセーターの回転を検知して、水槽に注水する水量の設定にも活用している。

(オ) ヒーター式の洗濯乾燥機に使用されているラジエントヒーターは、フィルターなどが目詰まりしたり、送風ファンの回転数が低下したりして、ヒーター自体が一定の温度以上になると急激に抵抗値が上昇し、電流値が抑えられることで、発熱量を抑制する機能も有している。

【組み合わせ】
① （ア）と（イ）
② （イ）と（オ）
③ （ウ）と（エ）
④ （エ）と（オ）

正解 ②

解説 ▼

（イ）「給水弁と直結したプランジャー」が誤りである。

　　　電子式の水位センサーは、以下のメカニズムにより水位を検知する。

　　　・洗濯、脱水槽内に水が入るとエアホース内の空気が押され、空気圧力が変化する。

　　　・ダイヤフラムとそれに直結したフェライトコアがコイルの中を上下に動いてリアクタンスが変化する。

　　　・基板内の発振回路の発振周波数が変動する。これにより水位を検知する。

（オ）「ラジエントヒーター」が誤りである。

　　　洗濯乾燥機に使用されているセラミックヒーター（PTC ヒーター）は、フィルターなどが目詰まりしたり、送風ファンの回転数が低下したりして、ヒーター自体が一定の温度以上になると急激に抵抗値が上昇し、電流値が抑えられることで、発熱量を抑制する機能も有している。

問題 13　次は、室内の換気および換気扇について述べたものである。
①～④のうち、誤っているものを1つ選択しなさい。

① 住宅等の居室の場合、換気回数 0.5 回 /h 以上の機械換気設備の設置が必要である。住宅等の居室以外の居室の場合は、換気回数 0.3 回 /h 以上の機械換気設備の設置が必要である。

② 換気には3種類の換気方式があるが、第1種換気方式は給気を機械換気で強制的に行い、排気はその力を利用する自然排気方式である。

③ 換気扇やレンジフードファンと、熱源となるガスコンロや IH クッキングヒーターなどの調理機器の離隔距離は、火災予防条例で定められている。基本的にレンジフードファンの離隔距離について、グリス除去装置の下端が調理機器の上方 80cm 以上と定めているが、自治体によって異なる規制を受ける場合があるため、所轄の消防署などに確認するとよい。

④ 全熱交換器は室内の汚れた空気を換気する際に、排気する空気と給気する空気の間で「温度」と「湿度」を交換することで、新鮮な外気を室内の空気に近づけて取り入れる空調換気扇であり、全熱交換器の熱交換率は 70% 程度である。

正解　②

解説▼

② 「第1種換気方式は給気を機械換気で強制的に行い、排気はその力を利用する自然排気方式である」が誤りである。第1種換気方式は給気と排気ともに機械換気で強制的に行う方式である。

生活家電

問題＆解説
基礎技術

問題 14　次は、太陽光発電システムについて述べたものである。
組み合わせ①～④のうち、誤っているものの組み合わせを１つ選択しなさい。

（ア）　接続箱は、複数の太陽電池モジュールからの交流電力を一つにまとめている機器である。内部にはブレーカー（交流開閉器）、逆流防止素子、サージアブソーバーなどが内蔵されている。また、太陽光モジュール枚数の異なった系統でシステムを組み合わせたときに使用する昇圧回路を持つものもある。

（イ）　一般的に太陽電池モジュールの設置は、屋根の南側が最も効率的である。北側の設置は、南側に比べ発電量が低下するとともに、反射光による近隣とのトラブルの原因となることがあり、好ましくない。

（ウ）　太陽電池の公称最大出力は、JIS において基準状態（モジュール温度 25℃、分光分布 AM1.5、放射照度 1000W/ m²）での測定値である。実際の発電電力は、モジュールの温度上昇や汚れによる損失、配線やパワーコンディショナでの損失により、最大でも太陽電池の公称最大出力の合計値の 70% ～ 80% 程度となる。

（エ）　太陽電池モジュールの一部が日陰になると、その部分のセルの発電量が低下する。するとそのセルが抵抗として働き、全体の発電量が低下するとともに発熱する。そのため、バイパスダイオードを当該太陽電池モジュールの発電電圧に対して逆バイアスになるように並列に接続し、抵抗となるセルを迂回して電気を流れやすくしている。

（オ）　結晶系太陽電池モジュールは、素子温度が上昇するほど変換効率が低下するという負の温度特性を持ち、1℃上昇すると 0.3% ～ 0.5%程度出力が低下する。ただ、その特性を踏まえても、年間で発電量が一番多いのは、太陽の日射が強い 8 月である。

【組み合わせ】
　①　（ア）と（オ）
　②　（イ）と（ア）
　③　（ウ）と（エ）
　④　（エ）と（オ）

正解 ①

解説 ▼

（ア）「交流電流」「交流開閉器」が誤りである。

接続箱は、複数の太陽電池モジュールからの直流電力を一つにまとめている機器である。内部にはブレーカー（直流開閉器）、逆流防止素子、サージアブソーバーなどが内蔵されている。また、太陽光モジュール枚数の異なった系統でシステムを組み合わせたときに使用する昇圧回路を持つものもある。

（オ）「ただ、その特性を踏まえても、年間で発電量が一番多いのは、太陽の日射が強い8月である」が誤りである。

結晶系太陽電池は、モジュールの素子温度が上昇するほど変換効率が低下する負の温度特性を持ち、1℃上昇すると0.3%〜0.5%程度出力が低下する。その特性もあって、年間で発電量が一番多いのは、太陽の日射が強い8月ではなく、気温が低く日射量が多い5月である。

<table>
<tr><td>問題
15</td><td>次は、生活家電に関連する法規について述べたものである。
（ア）～（オ）について、正しいものは①、誤っているものは②を選択しな
さい。</td></tr>
</table>

（ア）　家電リサイクル法（特定家庭用機器再商品化法）は、家電製品の資源循環を目的に新たなリサイクル社会の構築を目指し施行されたもので、対象はエアコン、テレビ、電気冷蔵庫（及び電気冷凍庫）、電気洗濯機（及び衣類乾燥機）、マッサージチェアの大型家電5品目である。

（イ）　統一省エネルギーラベルは、経済産業省資源エネルギー庁が、省エネ性能の向上を促すために、その製品がトップランナー基準の目標基準値をどの程度達成しているかを相対的に多段階評価等にて表示するもので、例えば電気冷蔵庫の場合、省エネ基準達成率が57%未満の商品には、表示できない。

（ウ）　長期使用製品安全表示制度の対象製品は、傾向的に経年劣化による事故が多い扇風機、ルームエアコン、換気扇、洗濯機（洗濯乾燥機は除く）、ブラウン管式テレビの5品目であり、製品本体に経年劣化に係る注意喚起を表示しなければならない。

（エ）　アースターミナルに接地線（アース線）をねじ止めする作業は、政令で定める「軽微な工事」であり、電気工事士の資格のない作業員が実施しても構わない作業である。

（オ）　消費生活用製品安全法における製品事故報告について、製品の製造事業者または輸入事業者は、重大製品事故が生じたことを知った日から起算した14日以内に、定められた様式での報告書を、経済産業大臣へ提出しなければならない。

正解 （ア）②　　（イ）②　　（ウ）①　　（エ）①　　（オ）②

解説 ▼

（ア）「マッサージチェアの大型家電５品目である」が誤りである。

家電リサイクル法（特定家庭用機器再商品化法）は、家電製品の資源循環を目的に新たなリサイクル社会の構築を目指し施行されたもので、<u>対象はエアコン、テレビ、電気冷蔵庫（及び電気冷凍庫）、電気洗濯機（及び衣類乾燥機）の大型家電４品目である</u>。

（イ）「省エネ基準達成率が57%未満の商品には、表示できない。」が誤りである。<u>省エネ基準の達成率が何%でも、表示はできる</u>。

（オ）「14日以内に、定められた様式での報告書を経済産業大臣へ」が誤りである。

消費生活用製品安全法における製品事故報告について、製品の製造事業者または輸入事業者は、重大製品事故が生じたことを知った日から起算した<u>10日以内に、定められた様式での報告書を消費者庁長官へ</u>、提出しなければならない。

問題 1

次は、家庭用掃除機の故障診断について述べたものである。
（ア）〜（オ）について、正しいものは①、誤っているものは②を選択しなさい。

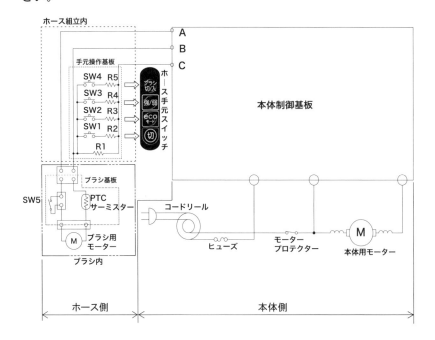

（ア）　eco モードスイッチを入れても本体用モーターが回転しない。原因がホース側なのか、本体側なのかを判断するため、ホース組立のB−C間の抵抗値を測定した結果、eco モードスイッチ SW2 を押した状態で 3kΩ、押さない状態で 20kΩ と変化があったことから、本体側の不良と特定した。

（イ）　床ブラシ（パワーブラシ）を持ち上げたり、裏返したりしても、回転ブレードが回り続けていた。ブラシの検出ローラーに異常はないため、安全スイッチ SW5 の不良と特定した。

（ウ）　運転開始後しばらくすると、本体が熱くなりモータープロテクターが働き停止した。フィルターやホースにゴミなどの詰まりがないことを確認して、再度、運転したところ、前回と同様に本体が熱くなり停止した。モータープロテクターの不良と特定した。

（エ）　手元スイッチのいずれの操作も受け付けないため、ホース組立のB−C間の抵抗値を測定すると、切スイッチ SW1 を押した状態で 20kΩ、押さない状態でも 20kΩ であったことから、ホース組立の切スイッチ SW1 または抵抗 R2 の不良と特定した。

（オ）　床ブラシ（パワーブラシ）の回転ブレードが回転しないため、ホース組立端子間の電圧を測定したところ、電圧は正常だった。ブラシ用モーターの不良と特定した。

正解 （ア） ① （イ） ① （ウ） ② （エ） ② （オ） ②

解説▼

（ウ）「モータープロテクターの不良と特定した」が誤りである。

運転開始後しばらくすると、本体が熱くなりモータープロテクターが働き停止した。フィルターやホースにゴミなどの詰まりがないことを確認して、再度、運転したところ、前回と同様に本体が熱くなり停止した。<u>本体用モーターの不良が考えられる。</u>

（エ）「ホース組立の切スイッチ SW1 または抵抗 R2 の不良と特定した」が誤りである。

ホース組立の切スイッチ SW1 または抵抗 R2 が不良の場合、切モードを受け付けないが、<u>他の操作は受け付ける。そのため運転はできるが停止することができない状態になる。</u>

（オ）「ブラシ用モーターの不良と特定した」が誤りである。

床ブラシを作動させるための電源は、掃除機本体からホース組立を通り床ブラシへ供給されている。ブラシ用モーターの電源は<u>ブラシ基板から供給されるため、ブラシ基板上の安全スイッチ SW5 や PTC サーミスターが故障すると、ブラシ用モーターへ電源が供給されなくなる。よって設問の場合には、ブラシ基板からの供給電源も確認する必要がある。</u>

問題＆解説
応用技術

次は、空気清浄機の故障診断について述べたものである。
①～④のうち、誤っているものを1つ選択しなさい。

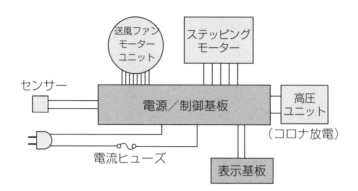

① 電源スイッチを入れたところ、電源が入らない。送風ファンモーターを点検したところ容易に手で回せないほど重かった。電流ヒューズは溶断していなかったので、電源／制御基板とファンモーターを交換した。

② 目に見えるほどホコリの多い部屋であるにもかかわらず、コロナ放電タイプの集じん部にホコリがほとんど付着しない。高圧ユニット（コロナ放電）の一次側の電圧に異常がなかったため、高圧ユニットを交換し動作を確認した。

③ 自動運転、手動運転ともに運転中であることを示す表示ランプは点灯するが、吹出口から風が出ない。ホコリセンサーの検査穴からエアーブローでホコリを取り除いて運転状態を確認した。

④ 連続運転の状態で、吹出口から風は出ているが、これまで脱臭できていた部屋のニオイを脱臭できなくなった。原因のひとつとしてフィルターの汚れが考えられる。

正解　③

解説 ▼

③ 「ホコリセンサーの検査穴から」以下が誤りである。
吹出口より風が出ないのは、<u>ファンモーター関係の部品不良が考えられる</u>。<u>手動運転時はホコリセンサーは影響しない</u>。

次は、ＩＨクッキングヒーターの故障診断について述べたものである。
（ア）～（オ）について、<u>正しいものは①</u>、<u>誤っているものは②</u>を選択しな
さい。

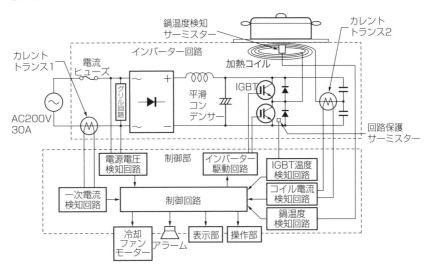

（ア）　調理を開始したところ、数分で本体内部の異常高温エラーが表示され加熱が停止
　　　した。給気口や排気口にはホコリなどの詰まりはなく、冷却ファンモーターの回
　　　転もスムーズであった。鍋温度検知サーミスターまたは鍋温度検知回路の不良が
　　　原因と考えられる。

（イ）　インバーター回路の異常を示すエラーが表示され、加熱運転が停止した。これは
　　　平滑コンデンサーの容量が抜けたことにより IGBT に加わる電圧が変動し、カレ
　　　ントトランス１に流れる電流の変動を一次電流検知回路が検出したことが原因と
　　　考えられる。

（ウ）　電源を入れても表示部に何も表示されないため、点検すると電流ヒューズが溶断
　　　していた。IGBT のコレクタとエミッタ間の抵抗値を測定すると 80 Ωであった
　　　ことから、原因として IGBT の不良が考えられる。

（エ）　表示部に電源電圧の異常を示すエラーが表示された。電源電圧を測定すると、交
　　　流 200V であった。電源電圧は正常なため、電源電圧検知回路の不良が原因と
　　　考えられる。

（オ）　電源を入れて加熱運転をスタートすると、すぐにトッププレートの火力表示ラン
　　　プが点滅して「ピッ、ピッ・・・」と警告音が鳴り、鍋なし自動 OFF 機能が働
　　　いて加熱運転を停止した。原因として、カレントトランス２やコイル電流検知回
　　　路などの不良が考えられる。

生活家電
応用技術　問題&解説

153

正解　（ア）②　（イ）②　（ウ）①　（エ）①　（オ）①

解説▼

（ア）「鍋温度検知サーミスターまたは鍋温度検知回路の不良」が誤りである。給気口や排気口の目詰まりはなく、冷却ファンモーターの回転にも異常がない場合は、筐体内部の温度を検知する回路保護サーミスターまたはIGBT温度検知回路の不良が考えられる。

（イ）「カレントトランス1に流れる電流の変動を一次電流検知回路が検出したことが原因」が誤りである。インバーター回路の異常を示すエラーが表示されて、加熱運転が停止した場合の原因としては、平滑コンデンサーの容量抜けがある。容量が抜けるとIGBTに加わる電圧が変動し、カレントトランス2に流れる電流の変動をコイル電流検知回路が検出したことが考えられる。

問題 4

次は、蓄電池について述べたものである。

組み合わせ①～④のうち、誤っているものの組み合わせを１つ選択しなさい。

（ア）　CHAdeMO（チャデモ）規格に準拠した V2H 用充電器には、双方向のインバーターユニットが搭載されている。V2H は、電気自動車を充電器に接続したとき、電気自動車の充電だけではなく、電気自動車の蓄電池から取り出した直流電力をインバーターユニットで交流に変換して家庭用電源として利用できるシステムである。

（イ）　リチウムイオン蓄電池は、満充電の電圧の状態から放電するに従ってゆるやかに電圧が降下していくが、放電時の平均電圧は、正極がコバルト系の場合約 3.7V、チタン酸系の場合約 2.4V、リン酸鉄系の場合約 3.2V と材質によって異なる。

（ウ）　リチウムイオン蓄電池は、電気用品安全法の「特定電気用品以外の電気用品」に指定されている。ただし、「単電池１個あたりの体積エネルギー密度が 200Wh/リットル以上のものに限り、電動アシスト自転車用、医療用機器具用および産業用機械器具用のものを除く。」とされている。

（エ）　リチウムイオン蓄電池は、正極と負極の間をリチウムイオンが移動することで電気的エネルギーを供給する高性能な一次電池である。メモリー効果現象は発生するものの、自己放電が小さく急速充電が可能であるという特長がある。

（オ）　リチウムイオン蓄電池は、周囲温度 0℃～40℃の範囲内で充電する必要がある。この温度の範囲外で充電すると、電池の漏液、発熱、破損などを引き起こす可能性があり、電池の性能や寿命の低下につながることもある。

【組み合わせ】
① 　（ア）と（イ）
② 　（イ）と（ウ）
③ 　（ウ）と（エ）
④ 　（エ）と（オ）

生活家電　応用技術　問題＆解説

正解 ③

解説 ▼

（ウ）「200Wh/ リットル以上のものに限り」、「電動アシスト自転車用」が誤りである。

「単電池１個あたりの体積エネルギー密度が 400Wh/ リットル以上のものに限り、自動車用、原動機付き自転車用、医療用機械器具用および産業用機械器具用のものを除く。」とされている。

（エ）「一次電池である。メモリー効果現象は発生する」が誤りである。

リチウムイオン蓄電池は、正極と負極の間をリチウムイオンが移動することで電気的エネルギーを供給する高性能な二次次電池である。メモリー効果現象が発生しない、自己放電が小さく急速充電が可能である、といった特長がある。

問題
5

次は、ルームエアコンの設置について述べたものである。
組み合わせ①～④のうち、誤っているものの組み合わせを1つ選択しなさい。

（ア）　R32冷媒を使用するルームエアコンでは、室外ユニットのサービスバルブの
サービスポート径をR410A冷媒やR22冷媒のものと異なる寸法にして、これ
らの冷媒を誤って封入することを防止している。

（イ）　ルームエアコンを設置する場合には、専用の電気回路を設ける必要がある。これ
は、既設のコンセントを複数の電気機器と共用で使用すると、電圧降下や電源容
量の不足によりコンプレッサーが起動しなかったり、ブレーカーが作動したりす
る可能性があるためである。

（ウ）　ルームエアコンを移設する際には冷媒回路内（冷凍サイクル内）の冷媒を室外ユ
ニットに回収する必要がある。この回収する作業をポンプダウンという。エアコ
ン本体の故障などでこのポンプダウンができない場合は、冷媒回収機にて冷媒を
回収する必要がある。

（エ）　地球環境保護の立場から、エアパージは真空引きポンプ方式で行う。設置におけ
る真空引きは、メーカーが指定する所定の時間（一般的に10分～15分）行った
うえで、ゲージマニホールドの低圧側ゲージが－0.1MPaになっていることを確
認する。修理充填時の真空引き時間は 設置時と同等もしくは短い。詳しくは各
メーカーのサービスマニュアルを参照し、エアパージ時間を確認したうえで作業
すること。

（オ）　配管フレアー加工を実施する際は、「ドライ（内部に水分がないこと）」、「クリー
ン（内部にゴミがないこと）」、「タイト（冷媒の漏れがないこと）」,これら配管
施工の三原則に留意する必要がある。

【組み合わせ】
① （ア）と（エ）
② （イ）と（オ）
③ （ウ）と（ア）
④ （エ）と（イ）

生活家電
応用技術

問題＆解説

正解　①

解説 ▼

（ア）「R410A冷媒やR22冷媒のものと異なる寸法にして」が誤りである。
　　　R410A冷媒およびR32冷媒使用エアコンは、他冷媒の誤封入防止のため、室外ユニットサービスバルブのサービスポート径がR22冷媒使用エアコンと異なる。しかし、R410A冷媒とR32冷媒のサービスポート径は同じである。

（エ）「修理充填時の真空引き時間は設置時と同様もしくは短い」が誤りである。メーカー各社によって異なりばらついているが、15分〜60分以上実施とされている。各メーカーのサービスマニュアルを参照しエアパージ時間を確認し作業する。

問題 6

次は、ルームエアコンの冷房運転時における故障診断に関する記述である。（ア）〜（オ）が示すものとして最も適切なものを語群①〜⑩から選択しなさい。ただし、ルームエアコンの電源電圧は100V、四方弁は冷房励磁とする。

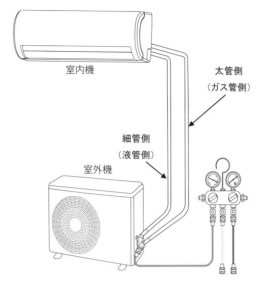

（ア）　運転開始後、室内機より温風が出てきたため、室外機の制御基板から四方弁コイルのコネクターを抜かずに出力電圧をテスターで測定したところ、100Vが印加されており、四方弁コイルの断線もなかった。

（イ）　運転開始後、しばらくすると室内熱交換器の表面が凍り、室外機の太管側（ガス管側）にも霜がつき始めた。室内熱交換器サーミスターと室内制御基板は正常に動作していた。

（ウ）　運転を開始してしばらく経っても室内熱交換器の冷えが弱く、接続配管の細管側（液管側）に霜がついていた。

（エ）　圧縮機（コンプレッサー）の動作音はしているが、ゲージマニホールドの圧力は静止圧から変化しなかった。

（オ）　運転を開始してしばらく経っても室内熱交換器の冷えが弱く、接続配管の太管側（ガス管側）に霜がついていた。

【語群】

① 四方弁のピストン固着 ② 圧縮機の圧縮不良
③ 圧縮機のロック ④ 太管側（ガス管側）の配管つぶれ
⑤ 室外制御基板の不良 ⑥ 冷媒量不足または電子膨張弁の開度不足
⑦ 室内熱交換器の汚れまたは室内機の送風ファンの汚れ
⑧ 室外熱交換器の汚れまたは室外機の送風ファンの汚れ
⑨ 細管側（液管側）の配管つぶれ
⑩ 冷媒の過充填または室外熱交換器の汚れ

159

解説▼

（ア）　四方弁は冷房励磁であり、冷房時に100Vが印加されていることから、四方弁のピストン固着が考えられる。

（イ）　室内熱交換器の汚れまたは室内機の送風ファンの汚れた場合、室内熱交換器の温度が低下して凍り始める。ただし、室内熱交換器の凍結防止として室内熱交換器センサーで熱交換器の温度を検知しており、従来のエアコンに比べて凍りにくくなっている。

（ウ）　冷媒が漏れて冷媒不足になった場合や電子膨張弁の開度不足にて冷媒循環量が減った場合、電子膨張弁の出口圧力が低下するため、細管側に霜がついてくる。

（エ）　圧縮機が動いているのに圧力が静止圧のままである場合、圧縮機が吸入出来ていないことになるので圧縮機の圧縮不良が考えられる。

（オ）　接続配管がつぶれた場合、その箇所にて減圧されるため、霜がついてくる。室内熱交換器には霜がついていないことから、太管側（ガス側）の配管が途中でつぶれていることが考えられる。

問題 7
次は、ルームエアコンの圧縮機破裂について述べたものである。
組み合わせ①～④のうち、<u>誤っているものの組み合わせ</u>を１つ選択しなさい。

（ア）　次の３つの条件が揃った場合、圧縮機が破裂するおそれがある。

　　　a. 圧縮機が運転中である。
　　　b. 冷凍サイクル内に閉そく部がある。
　　　c. 冷凍サイクル内に空気が混入している。

（イ）　圧縮機は、空気圧縮運転をすると異常な高温高圧になり、最悪の場合、圧縮機内部で冷媒の温度が着火点まで上昇し、圧縮機の破裂を引き起こすおそれがある。

（ウ）　蒸発器（エバポレーター）からガス漏れしている場合、圧縮機が破裂するおそれがあるため、ポンプダウンは行うべきではない。ただし、冷凍サイクル内に冷媒が残っている場合、温室効果ガス削減の観点から、冷媒回収装置を用いて残留冷媒を全量回収する必要がある。

（エ）　サービスバルブの二方弁が閉止状態のままであったり、冷凍サイクル内に詰まりがあり閉そく状態になったりした場合でも、ガス漏れがなければ、その状態のまま運転を継続したとしても、通常、それらのことを原因として圧縮機が破裂することはない。

（オ）　圧縮機の破裂事故は、製品の使用期間に比例して発生するものであり、購入したばかりの新しい製品であれば、条件がそろっていても破裂するおそれはない。

【組み合わせ】
　①　（ア）と（イ）　　②　（イ）と（オ）　　③　（ウ）と（エ）　　④　（エ）と（オ）

正解　②

（イ）　「冷媒の温度が着火点まで上昇し」が誤りである。圧縮機は、空気圧縮運転をすると異常な高温高圧になり、最悪の場合、<u>圧縮機内部で冷凍機油の温度が着火点まで上昇し</u>、圧縮機の破裂を引き起こすおそれがある。
（オ）　「製品の使用期間に比例して発生するものであり」以下が誤りである。
　　　<u>圧縮機の破裂事故は、製品の使用期間（金属疲労の程度など）に関係なく発生する</u>ものであり、購入したばかりの新しい製品であっても、条件がそろえば破裂するおそれがある。

次は、ノンフロン冷凍冷蔵庫について述べたものである。
（ア）〜（オ）について、正しいものは①、誤っているものは②を選択しなさい。

（ア）　冷凍サイクルの不良のひとつとして、圧縮不良がある。その際、蒸発器は一般的に着霜し、冷媒の流音がする場合もある。

（イ）　冷凍サイクル修理における R600a 冷媒の排出は、部屋の窓やドアを開け十分に換気し、火気や着火源となるものがない屋内の安全な場所に防爆仕様の真空ポンプを設置して作業する。

（ウ）　R600a を使用する圧縮機交換の作業では、パイプカッターを使用して配管を切断し、R600a 封入後の圧縮機の封入管はピンチオフプライヤーで圧着する。そのうえで、ガスリークテストを行い、ガス漏れのないことを確認してろう付け作業により封止する。

（エ）　R600a 冷媒を使用する冷蔵庫の電気的接点を有する部品は難燃性・密閉構造とし、低い電圧で動作するスイッチ類などを使用して、安全性を確保している。霜取りヒーターなどの発熱部品の表面温度は、安全を考慮して R600a 冷媒の発火温度より 100℃以上低い温度を基準としている。

（オ）　R600a 冷媒（イソブタン）は R134a 冷媒（代替フロン）に比べ蒸発圧力が低いため、蒸発器におけるガス漏れを確認する場合、運転を停止し冷蔵庫のドアを開けて、10 分〜 15 分程度たってからガス漏れを確認すると判定しやすくなる。圧縮機の運転中は蒸発器が低圧となるため、ガス漏れの確認はできない。

正解 （ア）② 　（イ）② 　（ウ）② 　（エ）① 　（オ）①

解説▼

（ア）「蒸発器は一般的に着霜し」が誤りである。冷凍サイクルの不良のひとつ
　　として、圧縮不良がある。その際、<u>蒸発器には若干、冷媒の流音がする場合</u>
　　<u>があるが、一般的に、ほとんど着霜しない。</u>

（イ）「屋内の安全な場所に」が誤りである。冷凍サイクル修理における
　　R600a冷媒の排出は、部屋の窓やドアを開け十分に換気し、火気や着火源
　　となるものがない<u>屋外の安全な場所に</u>防爆仕様の真空ポンプを設置して作業
　　する。

（ウ）「ろう付け作業により封止する」が誤りである。R600a冷媒を使用した
　　圧縮機（コンプレッサー）の交換に際しては、<u>必ずパイプカッターなどを使</u>
　　<u>用して配管を切断する。</u>イソブタン冷媒封入後の圧縮機の封入管はピンチオ
　　フプライヤーで圧着する。その上で、ガスリークテストを行い、ガス漏れが
　　ないことを確認し、ロックリングまたはスウェージロックで封止を行う。冷
　　媒封入後のろう付けによる封止は絶対に行わない。

生活家電

問題&解説
応用技術

次は、全自動洗濯機（ドラム洗を含む）および縦型洗濯乾燥機の故障診断について述べたものである。
組み合わせ①～④のうち、誤っているものの組み合わせを1つ選択しなさい。

(ア) 給水ホースと水栓（蛇口）の間から水漏れが発生したので、給水ホースを点検したが異常はなかった。水栓の接続部に錆び、キズを発見したので、水栓接続部側の問題と判断した。

(イ) ベルト駆動タイプの全自動洗濯機において、脱水できないとのことで点検したところ、脱水工程で洗濯・脱水槽が回転せず、パルセーターだけが回転していた。軸受機構部（クラッチ）のクラッチバネの不具合によるシャフトの締めつけ力低下などが考えられる。

(ウ) PTC ヒーターを用いた洗濯乾燥機において、乾燥運転は終了したが、衣類が十分に乾いていなかった。PTC ヒーターは、ヒーターに流れる電流値をマイコンにより制御することで発熱量をコントロールするため、まずはヒーターに流れる電流値が適正な値であるかを確認した。

(エ) ヒートポンプ式の洗濯乾燥機で乾燥運転していたところ、乾燥時間が設定コースの規定時間を超えたため、乾燥途中で運転が停止した。ヒートポンプの動作に問題は見つからなかったため、乾燥フィルターや乾燥ダクト内の空気循環経路内のホコリ詰まりがないか確認した。

(オ) 給水異常のエラー表示で停止し洗濯が始まらなかった。標準（おまかせ）コースを選び、運転をスタートさせると給水はされるが、水槽に水がたまらなかった。原因としては、水位を検知している水位センサーの不良が考えられる。

【組み合わせ】
① （ア）と（オ）
② （イ）と（エ）
③ （ウ）と（オ）
④ （エ）と（ウ）

解説▼

（ウ）「ヒーターに流れる電流値をマイコンにより制御する」が誤りである。
　　　<u>PTC ヒーターは、風量によって発熱量が変化する特性を持っている。</u>まず
　　　は乾燥フィルターや乾燥ダクト内の<u>空気循環経路の詰まりがないかを確認</u>す
　　　るとよい。

（オ）「水位センサーの不良」が誤りである。給水異常のエラー表示は、水位セ
　　　ンサーが満水を検知するまでの給水時間をマイコンが積算し、給水時間が長
　　　いと給水異常を表示する。給水はされるが水がたまらない症状は、<u>排水弁
　　　モーターの動作不良または排水弁の異物詰まりが原因</u>と考えられる。

問題&解説
応用技術

次は、冷蔵庫の故障診断について述べたものである。
（ア）〜（オ）について、正しいものは①、誤っているものは②を選択しな
さい。

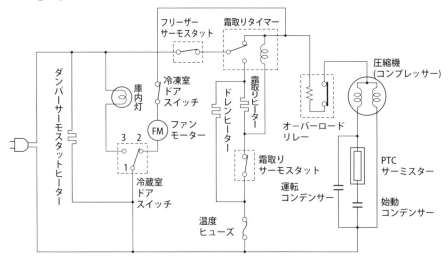

（ア）　冷凍室、冷蔵室ともに冷えていなかった。冷蔵室のドアを開けドアスイッチを押
すと庫内灯は消え、ファンモーターは回らなかった。霜取りタイマーのスイッチ
は霜取り側に切り替わっていた。霜取りサーモスタットの固着により、温度
ヒューズが切れたことが原因と考えられる。

（イ）　冷凍室は設定の温度まで冷えていたが、冷蔵室は冷えない状態であった。冷蔵室
のドアを開けてドアスイッチを押すと庫内灯は消え、ファンモーターは回転した
が、冷蔵室に冷気が流れてこなかった。冷蔵室の冷気を調整するダンパーサーモ
スタットを点検するとダンパーが閉じていたため、ドレンヒーターの断線が原因
と考えられる。

（ウ）　冷凍室、冷蔵室ともにあまり冷えておらず、冷蔵室内の上部奥にある冷蔵室温度
制御装置の冷気吹き出し口付近だけが冷えていた。圧縮機は動作しており、庫内
灯が常時点灯していた。冷蔵室ドアスイッチの3側での固着が原因と考えられ
る。

（エ）　ファンモーターは回転していたが冷凍室、冷蔵室ともに冷えていなかった。再度
電源を入れると圧縮機モーターは起動しようとするが、すぐにオーバーロードリ
レーが働いて止まった。フリーザーサーモスタット、霜取りタイマーの故障が原
因と考えられる。

（オ）　冷凍室、冷蔵室ともに十分冷えた状態であり、霜取りも正常に行われていた。霜
取り運転が終わると、圧縮機モーターが連続で運転し続け、ファンモーターもド
アを閉めている間、連続で回り続けていた。フリーザーサーモスタットの固着が
原因と考えられる。

正解 （ア）①　　（イ）②　　（ウ）①　　（エ）②　　（オ）①

解説▼

（イ）「ドレンヒーターの断線」が誤りである。冷蔵室が冷えず、ファンを回転
　　させても冷蔵室に冷気が流れ込んでこない場合は、<u>冷蔵室へ流れ込む冷気の</u>
　　<u>量を調節しているダンパーサーモスタットの故障やダンパーサーモスタット</u>
　　<u>ヒーターの断線の可能性</u>がある。ドレンヒーターは、霜取りによって溶けた
　　水が通る配水管の凍結を防ぐためのヒーターであり、断線した場合には配水
　　管が凍結することがあり、霜取りによって溶けた水が庫内に漏れ出てくる原
　　因となる。

（エ）「フリーザーサーモスタット、霜取りタイマー故障」が誤りである。<u>ファ</u>
　　<u>ンモーターは回転しているため、フリーザーサーモスタットや霜取りタイ</u>
　　<u>マーの故障による冷却不良は考えられない。</u>ファンモーターが回転し圧縮機
　　が止まっていたため、PTCサーミスターの断線が考えられる。PTCサー
　　ミスターが断線すると、圧縮機モーターの補助巻線に電流が流れず圧縮機
　　モーターは過負荷状態となり、過大電流が流れるため、オーバーロードリ
　　レーが働き圧縮機モーターを保護する。

<table>
<tr><td>生活家電</td><td>問題&解説
応用技術</td></tr>
</table>

問題11　次は、温水洗浄便座の故障診断について述べたものである。
組み合わせ①～④のうち、<u>誤っているものの組み合わせ</u>を１つ選択しなさい。

（ア）　おしり洗浄ボタン、ビデ洗浄ボタンのどちらを押しても、各ノズルが出てこない。ノズル洗浄ボタンを押すとノズルは出てきた。着座センサーの検知不良が考えられる。

（イ）　トイレを使っていないときでも、常時、ノズルの先端から水が漏れて止まらない状態である。水ポンプユニットの故障が原因と特定した。

（ウ）　おしり洗浄ボタンを押すと洗浄水は出るが、水勢が弱くて十分におしりを洗浄できない状態である。水勢を「弱」から「強」に切り換えても水勢は変化しない。一次水圧も正常でフィルターにも詰まりはなかった。電源基板およびステッピングモーターの不具合が考えられる。

（エ）　赤外線センサー方式の便ふた自動開閉機能付き温水洗浄便座では、夏場に便ふたが自動で開かないことがある。これは、トイレの室温が体温に近いほど高くなると、人の動きによって発生する熱の変化を、センサーが検知できないことがあるためと考えられる。

（オ）　おしり洗浄ボタンを押しておしりを洗浄した後、停止ボタンを押しても洗浄水が止まらない。流量調整弁を点検した。

【組み合わせ】
①　（ア）と（イ）　　②　（イ）と（オ）　　③　（ウ）と（エ）　　④　（エ）と（オ）

正解　②

解説 ▼

（イ）　「水ポンプユニットの故障が原因と特定した」が、誤りである。<u>不使用時にも水が漏れていることから、止水電磁弁のゴミかみなどが原因</u>と考えられる。

（オ）　「流量調整弁を点検した」が誤りである。停止ボタンを押しても洗浄動作が止まらないのは、<u>電源の供給が切れることで止水する構造の止水電磁弁、停止ボタンの接点不良または制御基板の故障</u>が考えられる。流量調整弁が故障していても水勢調節ができないだけである。

問題 12 次は、エコキュートについて述べたものである。

組み合わせ①～④のうち、誤っているものの組み合わせを１つ選択しなさい。

（ア）エコキュートも外気温度が低く湿度が高い時期には、空気用熱交換器に着霜が始まる。その影響による効率の低下を防ぐために、四方弁の切り替えによって高温・高圧の冷媒を空気用熱交換器に送り霜取り運転を行う。

（イ）外気温が低い場合、昼間の沸き上げ機能をオフにしていても、昼間に沸き上げることがある。ヒートポンプ配管の保護のためにこの動作を行うことがあり、必ずしも故障ではない。

（ウ）貯湯タンクと水加熱用熱交換器の間に湯水を循環させるための循環ポンプは、沸き上げた湯の温度が設定値になるように回転数を制御している。温度が低い場合は回転数を下げ、温度が高い場合は回転数を上げる。

（エ）サーモスタット（温度調節）式混合栓から湯を出したが、温度調節つまみの示す温度の湯が出ない。また、リモコンの設定温度よりも湯の温度が低かった。点検したところ、給湯電動混合弁の入口温度は90℃近くあり、出口温度も設定温度に近かったため、まずは、給湯電動混合弁を交換した。

（オ）水道水の給水圧力は、高圧力型では200kPa以上、超高圧力型では300kPa以上で使用する。配管の条件により給湯圧は変動する。

【組み合わせ】
① （ア）と（オ）
② （イ）と（ウ）
③ （ウ）と（エ）
④ （エ）と（ア）

正解 ④

解説 ▼

（ア）「四方弁の切り替え」が誤りである。<u>霜取り運転は、霜取り弁を開け、冷媒回路を均一化し、電動膨張弁を大きく開き、高温・高圧の冷媒を空気用熱交換器に送り</u>、空気用熱交換器に付着した霜を溶かす。

（エ）「まずは、給湯電動混合弁を交換した」が誤りである。サーモスタット（温度調節）式混合栓でも水と湯が混合され出湯されている。そのため、<u>出湯温度はタンクからの給湯温度よりも 10℃ぐらい低くなる。サーモスタットタイプの場合は、使用する湯の温度よりもリモコンの給湯温度を 10℃以上高く設定する必要がある。</u> それでも低い場合には、混合栓の取扱説明書にしたがって温度調節の再調節や混合栓の点検が必要になる。

次は、LED 電球および直管 LED ランプについて述べたものである。
①~④のうち、誤っているものを 1 つ選択しなさい。

① 玄関灯や門灯など屋外の照明器具に取り付けて使う場合は、屋外使用に対応した電球形 LED ランプを選定する必要がある。また、浴室や洗面台で使われるカバーで覆われたタイプのランプは熱がこもりやすいため、密閉型器具対応の電球形 LED ランプを選定する必要がある。

② 既存の蛍光灯照明器具をそのまま利用して直管蛍光ランプを直管 LED ランプに交換する場合は、改造を加えない限り安全に使用できる。

③ ダウンライトが取り付けられている天井に断熱材が敷き詰められている場合など、熱の逃げ場なくて器具内の温度が上がり LED ランプの発光効率が低下して、寿命が短くなる。ダウンライトの器具側に下記のマークがついている場合は、断熱材施工器具対応の LED ランプを用いる。

④ 白熱電球用の調光器と電球形 LED ランプを組み合わせる場合、調光器に適合していない電球形 LED ランプを接続すると、極端な短寿命になったり、器具破損の原因になったりする。

生活家電
応用技術

問題&解説

正解 ②

解説 ▼

② 既存の蛍光灯照明器具をそのまま利用して直管蛍光ランプを直管 LED ランプに交換する場合は、照明器具との組合せを間違えると発煙や火災の原因となる可能性がある。

問題&解説
応用技術

生活家電

問題 14　次は、オーブン機能付き電子レンジの故障診断について述べたものである。組み合わせ①〜④のうち、<u>誤っているものの組み合わせ</u>を1つ選択しなさい。

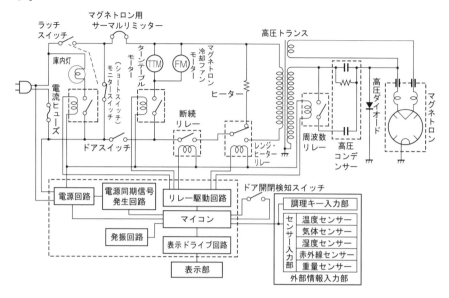

（ア）　食品をレンジ加熱していると、急に加熱が停止した。確認したところマグネトロン用のサーマルリミッターが動作し接点がOFFになっていた。原因として、マグネトロン冷却ファンモーターの故障やファン部のゴミ詰まりなどが考えられる。

（イ）　レンジ加熱、オーブン加熱の調理設定はできるが、いずれも加熱がスタートしない。原因として、レンジ・ヒーターリレーの不具合が考えられる。

（ウ）　オーブン加熱時、設定した温度までヒーターの温度が上がらない。温度センサー（サーミスター）の不具合が考えられる。

（エ）　ドアを開閉したところ、表示も動作もしなくなった。点検すると、電流ヒューズが断線していた。原因として、ドアスイッチの不具合が考えられる。

（オ）　レンジ加熱ができない。マグネトロンを直流500 V絶縁抵抗計で測定すると、アノード（陽極）とカソード（陰極）との間で絶縁抵抗が100 MΩであった。原因として、高圧ダイオード、高圧コンデンサーの不具合が考えられる。

【組み合わせ】
　①　（ア）と（イ）　　　②　（イ）と（エ）
　③　（ウ）と（オ）　　　④　（エ）と（オ）

正解 ②

解説 ▼

（イ）「レンジ・ヒーターリレーの不具合と考えられる」が誤りである。レンジ
加熱、オーブン加熱の調理設定はできるがいずれも加熱スタートしない。原
因として、マイコンやドア検知スイッチの故障が考えられる。レンジ・ヒー
ターリレーのコイルが断線した場合は、オーブン加熱はできるがレンジ加熱
ができない症状となる。

（エ）「ドアスイッチの不具合が考えられる」が誤りである。ドアを開閉したら
表示も動作もしなくなって、電流ヒューズが断線していた場合、原因として
モニタースイッチ（ショートスイッチ）またはラッチスイッチの不具合が考
えられる。

問題
15

次は、IH ジャー炊飯器の故障診断について述べたものである。
（ア）〜（オ）について、<u>正しいもの</u>は①、<u>誤っているもの</u>は②を選択しな
さい。

（ア）　電源プラグをコンセントから抜いた状態で、液晶表示部に時計表示が出ない。電
源プラグをコンセントに挿しても、液晶表示部に時計表示が出ない。電池切れが
考えられるため、リチウム電池を点検した。

（イ）　炊飯完了後、ご飯が焦げていた。内釜に異常はなく、感熱部のサーミスターの抵
抗値も正常であったため、感熱部を清掃し、制御部の部品を交換した。

（ウ）　保温状態のご飯が乾燥ぎみである。メーカー指定の方法で保温温度を測定したと
ころ、JIS の範囲より高い温度であった。原因として、ふたの保温ヒーターまた
は側面の保温ヒーターの不良が考えられる。

（エ）　炊飯中に IGBT の高温エラーで炊飯動作が停止した。IGBT を点検したところ異
常がなかったため、加熱コイルと制御基板を同時に交換した。

（オ）　内釜をセットして炊飯ボタンを押した後、内釜なしのエラー表示が出た。内釜の
有無の検知は、炊飯ボタンを押したときに加熱コイルに流れる電流を検出して判
断する。加熱コイルや電流検出コイルに異常がない場合は、IGBT の不良、もし
くは IGBT 駆動回路、IH 制御回路の不良が考えられる。

正解　（ア）　②　　（イ）　①　　（ウ）　②　　（エ）　②　　（オ）　①

解説▼

（ア）　時計表示は、電源プラグを抜いた状態では、リチウム電池で表示させるが、
電源プラグを挿し込んでいる場合は本体側の電源で表示する。<u>電源プラグを
挿しても表示しない場合、制御部や液晶表示部の故障が考えられる。</u>

（ウ）　「ふたの保温ヒーターまたは側面の保温ヒーターの不良が考えられる」が
誤りである。<u>保温温度が高い場合は、感熱部や制御部の不良が考えられ、保
温ヒーターがかってに規格値以上に温度を上げることはない。</u>また、ふたの
保温ヒーターの不具合としては、ふたや側面の保温ヒーターが断線すること
が考えられ、その場合、保温温度は低くなる。

（エ）　「加熱コイルと制御基板を同時に交換した」が誤りである。IGBT を冷却
するために、製品にはファンが搭載されている。そのため、IGBT の高温エ
ラーが発生した場合、<u>ファンモーターの動作確認や給排気経路に詰まりがな
いかを点検する</u>必要がある。

全解答

AV情報家電
生活家電

AV情報家電

基礎技術

	(ア)	(イ)	(ウ)	(エ)	(オ)
問題1	②	②	①	②	①
問題2	④				
問題3	②	①	②	②	②
問題4	②	①	②	①	①
問題5	①	①	②	②	①
問題6	①				
問題7	②	①	①	①	②
問題8	②				
問題9	①				
問題10	③				
問題11	②	②	①	②	①
問題12	④				
問題13	②	①	①	①	②
問題14	②	①	①	②	②
問題15	①	②	①	①	①

応用技術

	(ア)	(イ)	(ウ)	(エ)	(オ)
問題1	②				
問題2	①	②	①	①	②
問題3	④				
問題4	②	②	②	①	②
問題5	④				
問題6	③				
問題7	③				
問題8	①	②	①	②	②
問題9	①	②	①	②	①
問題10	①	②	①	①	②
問題11	②				
問題12	②	②	①	①	②
問題13	③				
問題14	②	②	①	②	②
問題15	①	②	②	②	②

生活家電

基礎技術

問題1	②				
問題2	(ア)①	(イ)②	(ウ)①	(エ)②	(オ)①
問題3	④				
問題4	①				
問題5	②				
問題6	(ア)①	(イ)①	(ウ)②	(エ)①	(オ)②
問題7	③				
問題8	④				
問題9	(ア)①	(イ)②	(ウ)①	(エ)①	(オ)①
問題10	(ア)①	(イ)①	(ウ)②	(エ)②	(オ)①
問題11	(ア)①	(イ)⑦	(ウ)④	(エ)⑨	(オ)②
問題12	②				
問題13	②				
問題14	①				
問題15	(ア)②	(イ)②	(ウ)①	(エ)①	(オ)②

応用技術

問題1	(ア)①	(イ)①	(ウ)②	(エ)②	(オ)②
問題2	③				
問題3	(ア)②	(イ)②	(ウ)①	(エ)①	(オ)①
問題4	③				
問題5	①				
問題6	(ア)①	(イ)⑦	(ウ)⑥	(エ)②	(オ)④
問題7	②				
問題8	(ア)②	(イ)②	(ウ)②	(エ)①	(オ)①
問題9	③				
問題10	(ア)①	(イ)②	(ウ)①	(エ)②	(オ)①
問題11	②				
問題12	④				
問題13	②				
問題14	②				
問題15	(ア)②	(イ)①	(ウ)②	(エ)②	(オ)①

一般財団法人 家電製品協会認定の「家電製品エンジニア試験」について

　一般財団法人 家電製品協会が資格を認定する「家電製品エンジニア試験」は次により実施しています。

1．一般試験

1）受験資格

　特に制約はありません。

2）資格の種類と資格取得の要件

　① 家電製品エンジニア（AV 情報家電）

　　「AV 情報家電 基礎技術」および「AV 情報家電 応用技術」の2科目ともに所定の合格点に達すること。

　② 家電製品エンジニア（生活家電）

　　「生活家電 基礎技術」および「生活家電 応用技術」の2科目ともに所定の合格点に達すること。

　③ 家電製品総合エンジニア

　　「AV 情報家電 基礎技術」、「AV 情報家電 応用技術」、「生活家電 基礎技術」および「生活家電 応用技術」の4科目ともに所定の合格点に達すること。

〈エグゼクティブ等級（特別称号制度）〉

上記①〜③の資格取得のための一般試験において、極めて優秀な成績で合格された場合、①と②の資格に対しては「ゴールドグレード」、③に対しては「プラチナグレード」という特別称号が付与されます（資格取得を表す「認定証」も特別仕様となります）。

3）資格の有効期限

　資格の有効期限は、資格認定日から「5年間」です。

　ただし、資格の「更新」が可能です。所定の学習教材を履修の上、「資格更新試験」に合格されますと新たに5年間の資格を取得できます。

4）試験の実施概要

　①試験方式

　　CBT 方式試験で実施しています。

　　※CBT（Computer Based Testing）方式試験は、CBT 専用試験会場でパソコンを使用して受験するテスト方式です。

　②実施時期と受験期間

　　毎年、「3月」と「9月」の2回、試験を実施しています。それぞれ、約2週間の受験期間を設けています。

　③会　　場

　　全国の CBT 専用試験会場にて実施しています。

④受験申請

　３月試験は１月下旬ごろより、９月試験は７月下旬ごろより、家電製品協会認定センターのホームページ（https://www.aeha.or.jp/nintei-center/）から受験申請の手続きができます。

注）上記の②、③、④については、感染症の状況などにより変更する場合があります。最新の情報については、認定センターのホームページをご参照ください。

5）試験科目免除制度（科目受験）

受験の結果、（資格の取得にはいたらなかったものの）いずれかの科目に合格された場合、その合格実績は１年間（２回の試験）留保されます（再受験の際、その科目の試験は免除されます）。したがって、資格取得に必要な残りの科目に合格すれば、資格を取得できることになります。

2. エグゼクティブ・チャレンジ

既に資格を保有されている方が、前述の「エグゼクティブ等級」の取得に挑戦していただけるように、一般試験の半額程度の受験料で受験していただける「エグゼクティブ・チャレンジ」という試験制度を設けています。ぜひ、有効にご活用され、さらなる高みを目指してください。なお、試験の内容や受験要領は一般試験と同じです。

　以上の記述内容につきましては、下欄「家電製品協会 認定センター」のホームページにて詳しく紹介していますので併せてご参照ください。

資格取得後も続く学習支援

〈資格保有者のための「マイスタディ講座」〉

　家電製品協会 認定センターのホームページの「マイスタディ講座」では、資格を保有されている皆さまが継続的に学習していただけるように、毎月、教材や情報の配信による学習支援をしています。

一般財団法人 家電製品協会　認定センター

〒100-8939　東京都千代田区霞が関三丁目７番１号 霞が関東急ビル５階

電話：03（6741）5609　　FAX：03（3595）0766

ホームページURL　https://www.aeha.or.jp/nintei-center/

●装幀／本文デザイン：
　　稲葉克彦
●ＤＴＰ：
　　稲葉克彦

家電製品協会　認定資格シリーズ
家電製品エンジニア資格 問題&解説集 2022年版

2021 年 12 月 10 日　　第 1 刷発行

編　者　一般財団法人 家電製品協会
　　　　©2021　Kaden Seihin Kyokai
発行者　土井成紀
発行所　NHK出版
　　　　〒150-8081　東京都渋谷区宇田川町 41 － 1
　　　　TEL 0570-009-321（問い合わせ）
　　　　TEL 0570-000-321（注文）
　　　　ホームページ　https://www.nhk-book.co.jp
　　　　振替　00110-1-49701
印　刷　新藤慶昌堂／近代美術
製　本　二葉製本